Fabio Aprile
Reinaldo Lorandi

Zdolność do wymiany kationów w glebach tropikalnych

Fabio Aprile
Reinaldo Lorandi

Zdolność do wymiany kationów w glebach tropikalnych

Metody analityczne

Wydawnictwo Bezkresy Wiedzy

Imprint
Any brand names and product names mentioned in this book are subject to trademark, brand or patent protection and are trademarks or registered trademarks of their respective holders. The use of brand names, product names, common names, trade names, product descriptions etc. even without a particular marking in this work is in no way to be construed to mean that such names may be regarded as unrestricted in respect of trademark and brand protection legislation and could thus be used by anyone.

Cover image: www.ingimage.com

This book is a translation from the original published under ISBN 978-613-9-44453-3.

Publisher:
Wydawnictwo Bezkresy Wiedzy
is a trademark of
Dodo Books Indian Ocean Ltd., member of the OmniScriptum S.R.L Publishing group
str. A.Russo 15, of. 61, Chisinau-2068, Republic of Moldova Europe
Printed at: see last page
ISBN: 978-620-0-81402-9

ZDOLNOŚĆ WYMIANY KATIONÓW (CEC) W GLEBACH TROPIKALNYCH: Metody analityczne

przez

Dr. PhD. Fabio Aprile

Dr. PhD. Reinaldo Lorandi

São Paulo - Brazylia

2019

INFORMACJE OGÓLNE

Tytuł monografu: Określenie CEC w glebach tropikalnych i jego zastosowanie w mapach geotechnicznych

Obszar wiedzy specjalistycznej: Nauka o glebach, Chemia, Chemia fizyczna, Geochemia, Sedymentologia

Nadzorować: Prof. Dr. REINALDO LORANDI

Wsparcie finansowe: WSPARCIE FINANSOWE NA RZECZ ELEKTROWNI ATOMOWEJ W POŁUDNIOWEJ CZĘŚCI KRAJU - FAPESP
Procedura: 93/1480-0

Wersja oryginalna: 1993 (data obrony)
Wersja poprawiona: 2019 r.

Autor korespondencji:
Prof. dr Fabio Aprile
E-mail: aprilefm@hotmail.com

Cation Exchange Capacity (CEC) w glebach tropikalnych: Metody analityczne

Streszczenie

Zdolność wymiany kationowej (CEC) jest właściwością fizykochemiczną zależną od składników gleby. Niniejsze opracowanie ma na celu omówienie udziału związków organicznych i gliny w wartości CEC. Przetestowano sześć metod analitycznych służących do określania CEC w glebach tropikalnych z lasów deszczowych Atlantyku i Amazonii, mających na celu określenie najwłaściwszych pod względem wymagań: czasu analizy, stopnia niezawodności i kosztów eksploatacji. Łącznie przeanalizowano 444 próbki gleb w jedenastu typach gleb. Analizie poddano również analizę granulometryczną, zawartość węgla przyswajalnego, materię organiczną, cząstki węgla organicznego oraz jony (Na+, K+, Ca2+, Mg2+ i H+ + Al3+). Badano również wpływ działania ognia na uwalnianie jonów do gleby. Zastosowano badania statystyczne, obejmujące pomiary tendencji centralnej, parametry dyspersji, analizę regresji, analizę korelacji, skupień i analizę wariancji, parametry Folk & Ward oraz wykres dyspersji. Wyniki badań wyrażono w postaci wykresów i map izowalutowych. Wyniki wskazywały na chwilowy wzrost CEC w glebie po pożarze, być może z powodu Al3+. Gleby tropikalne charakteryzują się wysoką wilgotnością i kwasowością, co przyczynia się do ogólnego wzrostu CEC. Niekorzystne warunki klimatyczne w tropikach wpływają na właściwości gleby, dlatego też praktyczne metody i niskie koszty mają tę zaletę, że mogą być okresowo stosowane do analizy jakości gleby. Wartości CEC uzyskane za pomocą sześciu różnych metod zostały skorelowane, przy czym współczynniki wyznaczania wynosiły ponad 0,90.

Słowa kluczowe: CEC, metody analityczne, minerały ilaste, materia organiczna, gleby tropikalne, metodyka porównawcza.

1. WPROWADZENIE

Opracowanie nowych technik analizy właściwości fizykochemicznych gleb oraz porównanie tych technik ma na celu znalezienie najbardziej odpowiedniej metody dla danego typu gleby, jak również dla warunków laboratoryjnych i rzeczywistości badanego obszaru. W tym sensie należy wziąć pod uwagę m.in. takie aspekty jak: stopień wiarygodności metody, łatwość wykonania, praktyczność, szybkość, zdolność do wykonywania wielu analiz, czas pracy, koszty eksploatacji, konieczność posiadania rozbudowanego sprzętu. Aby rozwiązać ten problem, kilka krajowych i międzynarodowych ośrodków badawczych starało się stworzyć i rozwinąć program laboratoryjnej kontroli jakości dla analizy gleby w oparciu o procedury zbierania i konserwacji oraz znane i stosowane międzynarodowo protokoły analizy. W Brazylii, punktem odniesienia w tym opracowaniu jest Krajowe Centrum Badań Glebowych (Embrapa Solos) EMBRAPA - Brazylijska Korporacja Badań Rolniczych.

Potrzeba zwiększenia wydajności żywności w coraz bardziej ograniczonych obszarach doprowadziła do tego, że badania doprowadziły do opracowania coraz wydajniejszych nawozów chemicznych, a w konsekwencji do opracowania szybszych i bardziej wiarygodnych technik analizy gleby. Zgodnie z raportem badawczym i rozwojowym dotyczącym żyzności gleby i odpowiedniego gospodarowania w regionach tropikalnych EMBRAPA (RONQUIM, 2010), gleby uprawne ograniczają produkcję żywności, ponieważ kolejne uprawy mają tendencję do zmniejszania żyzności. Na obszarach tropikalnych presja ludności jest większa, a rozwój rolnictwa będzie zależał głównie od uprawy starszych gleb, które przez długi czas były narażone na działanie czynników atmosferycznych, charakteryzujących się niską zawartością składników odżywczych, cechami kwaśnymi, niską żyznością odżywczą lub problemami z niedoborem wody. Ze względu na specyfikę rolnictwa w regionach tropikalnych konieczna jest szczegółowa wiedza na temat właściwości chemicznych i fizycznych oraz właściwości gleb, mająca na celu właściwe nimi gospodarowanie, najbardziej odpowiednie wykorzystanie bardziej opłacalnych nakładów i wyników.

Ocena żyzności chemicznej gleb jest przydatna przy określaniu ilości i rodzajów nawozów, środków poprawczych i ogólnej gospodarki, które muszą być stosowane w glebie w celu utrzymania lub odzyskania jej wydajności (RONQUIM, 2010). Analiza gleby jest podstawowym narzędziem rekomendacji dotyczących wapnowania i nawożenia w uprawach rolnych, a także stosowania technik ponownego zalesiania na terenach zdegradowanych, dlatego wiarygodność wyników musi być niepodważalna. Dostępnych jest kilka rodzajów analiz glebowych, a wybór będzie zależał od celu, który ma być osiągnięty. Analizy określane jako "rutynowe" dają profesjonalistom dopłaty do określenia dawek wapienia i nawozu, które mają być zastosowane w glebie dla danej uprawy. Analiza rutynowa obejmuje analizę żyzności, w tym analizę makro- i mikroelementów oraz pierwiastków śladowych, zawartości materii organicznej, form węgla, analizę wielkości cząstek, analizę tekstury oraz zdolności wymiany kationowej, co jest celem tego badania.

2. ASPEKTY OGÓLNE

2.1 Atlantycki Las Ombrofijny

Roślinność Lasu Atlantyckiego została sklasyfikowana zgodnie z systemem klasyfikacji FIBGE (VELOSO *i in.*, 1991; FIBGE, 1993) jako Las Ombroficzny. Las naturalny składa się z roślinności o różnych poziomach i zagęszczeniach, która charakteryzuje się występowaniem, oprócz niewielkich fragmentów lub reliktów lasów pierwotnych, także formacji wtórnych. Atlantycki las ombroficzny, zwany również lasem atlantyckim, tworzony jest przez formacje leśne: Ombrofilne Gęste, Ombrofilne Mixt,

Semidecidualne Sezonowe, Decidualne Sezonowe i Ombrofilne Otwarte, oprócz związanych z nimi ekosystemów, takich jak zagajniki i lasy namorzynowe w pasie nadbrzeżnym, a także pola terenów podwyższonych.

Procesy definiujące ewolucję form rzeźby terenu mogą być pochodzenia egzogenicznego lub kształtującego, które obejmują czynniki takie jak klimat, roślinność i rodzaje gleb; oraz pochodzenia endogenicznego lub rzeźby terenu, które obejmują czynniki takie jak wulkanizm, tektonika masowa i geologia. Wzajemne oddziaływanie tych procesów staje się bardzo ważne, ponieważ w miejscach, gdzie typy litologiczne są bardziej odporne, rzeźba terenu ma tendencję do zachowywania się, głównie ze względu na ograniczenia nakładane przez nie na czynniki modelujące. Rzeźba terenu Puszczy Atlantyckiej w regionie południowo-wschodnim przedstawia kilka aspektów, począwszy od odcinków wzgórz, gór, skarp, zboczy i zboczy o różnej wysokości i nachyleniu, aż po roślinność przejściową na wybrzeżu na wschodzie, dostosowaną do warunków klimatycznych i zasolenia. Ten złożony system florystyczny tworzy bardzo charakterystyczną mozaikę z zaznaczoną strefą. Na średnich wzniesieniach występują zdegradowane rzeźby terenu, na rozłożystych płaskowyżach, rzeźba pagórków, gdzie przeważają niskie pochyłości do 15%. Urwiska posiadają rzeźby przejściowe, gdzie przeważają wysokie zbocza, powyżej 30%.

Różnica w zajmowaniu powierzchni terenu jest nierozerwalnie związana z różnymi rodzajami skał i osadów, które ją podtrzymują. Różnorodność litologiczna wynika z kilku cyklów tektonicznych pęknięć, ruchów, wstrząsów i subdukcji kontynentów, które miały miejsce i mają miejsce w całej geologicznej historii Ziemi. Z punktu widzenia klasyfikacji, Las Atlantycki w południowo-wschodnim regionie znajduje się w wewnątrzkatonicznym basenie Paraná, który zajmuje powierzchnię 1.000.000 km2 w Brazylii, rozciągając się wzdłuż Paragwaju, Urugwaju i

Argentyny. Jego północno-południowe rozszerzenie na terytorium kraju sięga prawie 2000 km, ale orientacja jego głównej osi jest N-NW, obejmując stany Goiás i Minas Gerais oraz obszary stanów Mato Grosso, São Paulo, Paraná, Santa Catarina i Rio Grande do Sul. W obrębie tego dużego regionu, obszar badań we wnętrzu stanu São Paulo znajduje się w szczególności w formacji Botucatu (obszar 5, rysunek 2.1). Transgresywny charakter jednostek stratygraficznych zawartych w tym regionie został podkreślony w okresie mezozoicznym. Typem awarii bloku był tektonizm, który wpłynął na ten obszar. Dorzecze Paraná pokazuje dziś, w jaki sposób struktura integruje się w swojej rozciągłości na terytorium Brazylii, pomimo długiego okresu erozji, który został odsłonięty. W dużej mierze to zachowanie działania erozyjnego wynika z ochrony warstw bazaltowych i zaplątania się zastrzyków bazaltowych, w postaci szwów, warstw i wałów na końcu Mezozoiku (MENDES & PETRI, 1971). Duże płaskowyże wewnętrzne odpowiadają rzeczywistym powierzchniom strukturalnym zdeterminowanym przez antyczne przepływy lawy. Kolumna geologiczna basenu Paraná obejmuje część kontynentalną, ale znaczącą oraz część morską, zgrupowaną w następujący sposób: a) kontynentalną - formacja Bauru, formacja Botucatu, formacja Santa Maria, grupa Passa Dois, grupa Tubarão (głównie kontynentalna); b) morską - grupa Paraná, grupa Caacupé (rysunek 2.1).

Las Atlantycki pierwotnie rozciągał się na około 1.300.000 km2 w 17 stanach Brazylii. Obecnie, ze względu na ciągłą okupację, zachowały się resztki rodzimego lasu, stanowiące 22% jego pierwotnego pokrycia i znajdujące się w różnych stadiach regeneracji. Obecnie tylko 7% jest dobrze zachowanych na fragmentach powyżej 100 ha, głównie fragmentach położonych w południowo-wschodniej części kraju. Mimo, że jest on zredukowany i bardzo rozdrobniony, Las Atlantycki jest domem dla jednej z największych bioróżnorodności na naszej planecie, z szacowaną ilością 20 000 gatunków roślin (35% gatunków w Brazylii), w tym gatunków endemicznych i zagrożonych. Las Atlantycki ma również bardzo duże znaczenie dla różnorodności biologicznej fauny. W swoim stanie naturalnym, Las Atlantycki odgrywa ważną rolę w regulacji źródeł wody i aspektów klimatycznych, nie tylko na poziomie regionalnym, ale również globalnym, zapewniając żyzność gleby i zachowując rzeźbę terenu, chroniąc klify i stoki gór.

W lesie atlantyckim obszary nadbrzeżne odgrywają zasadniczą rolę w zachowaniu bioróżnorodności poprzez tworzenie naturalnych korytarzy, które umożliwiają przepływ genetyczny pomiędzy pozostałościami leśnymi, regulację przepływu wody, zatrzymywanie osadów i składników odżywczych, unikanie erozji i zamulania rzek, utrzymywanie struktury gleby umożliwiającej wchłanianie wody, uzupełnianie wód gruntowych, filtrowanie zanieczyszczeń oraz regulację i utrzymanie klimatu.

Zgodnie z klasyfikacją biomów brazylijskich, badany region Lasu Atlantyckiego jest umieszczony w strefie przejściowej między Cerrado a Lasem Atlantyckim, z różnymi ekotonami, w których występują gatunki fauny i flory obu biomów. Domena Lasu Atlantyckiego występuje od równiny przybrzeżnej, zajmowanej przez ekosystemy związane z fizjonomiami na stanowiskach wypoczynkowych, przechodzącej przez zbocze atlantyckie, gdzie Gęsty Las Ombroficzny obserwowany jest od nizin do gór, po wnętrze, gdzie występuje roślinność liściasta, uwarunkowane sezonowym klimatem z bardziej określonymi okresami deszczu i suszy, jak ma to miejsce w przypadku Lasów Sezonowych Półwyspu Somalijskiego, a także roślinnością Araukarii na obszarach wysokogórskich w górach Bocaina, Mantiqueira i Planalto de Guapiara, należących do Lasu Ombrofialnego Mieszanego.

Pierwotna roślinność badanego regionu to przede wszystkim Wyżyna Tropikalna i Półwysep Tropikalny (Tropical Highland Forest). Kolejne miejsca, takie jak subtropikalne ulistnienie (HUECK, 1972), półtwardy las mezofilski (RIZZINI, 1979), półtwardy las liściasty lub las płaskowy (LEITÃO FILHO, 1982). Gleby są pod wpływem ilości i różnorodności martwej pokrywy roślinnej (ściółka) obecny, który z kolei różni się w zależności od czasu i miejsca, prezentując intensywny rozkład. W podleśnictwie często pojawiają się pokłady krzewów i roślin zielnych, w których dominują bromeliny, araki, marantacje i helikoniki, zwłaszcza na obszarach wilgotnych.

Las atlantycki jest fizjonomicznie podobny do Puszczy Amazońskiej, co sugeruje, że w pewnym momencie w historii istniała komunikacja między oboma lasami (ROSS *i in.*, 2003). Istnieje kilka elementów florystycznych, które wykazują podobieństwo między tymi dwoma biomami, co potwierdza, że w dawnych czasach rozproszenie gatunków było ułatwione przez ciągłość pojedynczego i ogromnego lasu ombroficznego, jak np. odmiany ipê, bromeliady i liany wspólne dla obu regionów.

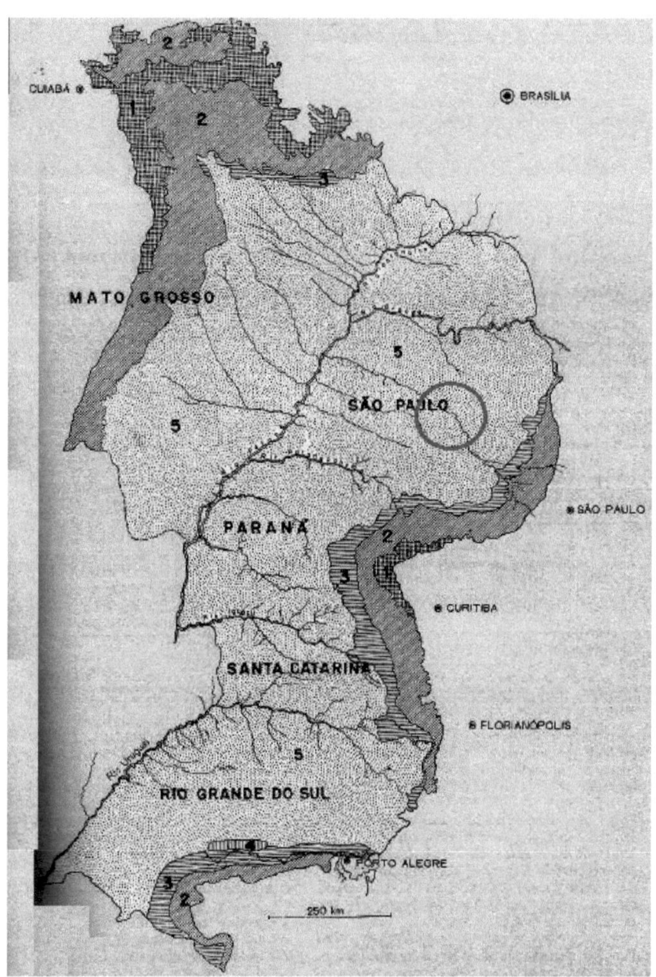

Rysunek 2.1: Geologiczna formacja brazylijskiej części basenu Paraná. Legenda: 1- Grupa Paraná i inne formacje dewonu; 2 - Grupa Tubarão (permska); 3- Grupa Pass Two (permska); 4- Formacja Santa Maria (neotriasowa); 5- Formacja Botucatu (Eocretáceo). Źródło: MENDES & PETRI (1971). Obszar pobierania próbek wyróżniony czerwonym kolorem.

2.2 Amazoński Las Ombrofijny

Dominującą roślinnością w amazońskich lasach deszczowych jest Las Ombrofijny, składający się z roślinności o różnych poziomach i zagęszczeniach lasu, tworzonej w ten sposób przez formacje leśne: Ombrophylous Dense, Ombrophylous Mixt, oraz związki z lasami otwartymi i półotwartymi, w tym łąkami, campinaranami i sawannami. Lasy deszczowe Amazonii można podzielić na trzy typy w zależności od lokalnego wpływu wody: Terasowe lasy jodłowe, lasy igapó i Várzea. W lasach jodłowych Terra (rysunek 2.2) występują duże drzewa liściaste Amazonii. W niektórych miejscach wierzchołki drzew są tak duże, że uniemożliwiają przedostawanie się do 95% światła słonecznego, dzięki czemu wnętrze lasu jest ciepłe, ciemne i wilgotne. Do głównych gatunków w tym regionie należą kasztanowiec, drzewo kauczukowe, guaraná i timbó, te ostatnie wykorzystywane przez Indian do produkcji toksyny paraliżującej do połowu ryb. Niskie płaskowyże lub lasy jodłowe Terra znajdują się w najwyższych partiach i są poza zasięgiem powodzi rzecznych. Ekosystem ten stanowi ponad 80% całej powierzchni Puszczy Amazońskiej, a dominują w nim gleby piaszczyste. Najwyższe punkty wzniesienia w zachodniej Amazonii, z wyjątkiem obszarów andyjskich i przedalpejskich, znajdują się na obszarze stabilnym lądowo, a najwyższym punktem na terytorium Brazylii jest szczyt Neblina, o wysokości 3014 metrów, położony w górach Imeri, w pobliżu Wenezueli.

Lasy igapó (rysunek 2.3) znajdują się na dolnych terenach, w pobliżu rzek, które są stale zalewane. W okresie powodzi, wody zalewają brzegi rzek, przechodzą przez las i sięgają prawie do szczytów drzew, tworząc igapó. Kiedy zjawisko to ma miejsce w małych rzekach i dopływach, są one nazywane regionalnie igarapami. W tym regionie drzewa mogą osiągać 20 metrów wysokości, ale średnio są pomiędzy dwoma a trzema metrami, o niskim i gęstym rozgałęzieniu, trudnym do penetracji. Typowym gatunkiem tej formacji roślinnej jest makrofita wodna znana jako victoriaregia lub amazońskie zwycięstwo (rysunek 2.4), z liśćmi o średnicy 1,80 metra, bardzo obfitymi w okresach pełnych i praktycznie nieobecnymi podczas faz opadania wody. Uderzającą cechą igapó, odróżniającą je od várzea, jest fakt, że igapó to obszary stale zalewane, z roślinnością przystosowaną do pozostawania z korzeniami zawsze pod wodą. Podłogi nizinne lub równinne tereny zalewowe (rysunek 2.5) znajdują się między lasami jodłowymi Terra i igapó, w zależności od bliskości rzek. W miejscowości Várzea znajdują się duże drzewa, takie jak guma, kapok, różne palmy i gatunki jatobá. Amazońskie Lasy Tropikalne skupiają dużą różnorodność gatunków roślin, z których wiele jest wykorzystywanych do celów leczniczych, jadalnych, olejowych i barwiących, jak np. urucu stosowany do produkcji colourau (barwienie naturalne). Główną cechą charakterystyczną várzea jest fakt, że występuje na wyższych terenach, które są zalewane tylko w czasie powodzi lub wysokich wód. Gleby w regionie várzea są raczej gliniaste lub piaszczysto-gliniaste i stosunkowo bardziej żyzne niż gleby jodłowe Terra.

Linia Ekwadoru przecina dwa największe stany Amazonii: Amazonkę i Pará, dominujące w klimacie równikowym, charakteryzujące się średnimi temperaturami od 24 do 26 °C, oraz obfitymi opadami w ciągu roku. Z tego powodu typowa dla tego regionu roślinność jest również określana jako Las Równikowy.

Rzeźba terenu Amazonii, szczególnie w jej zachodniej i środkowej części, przedstawia trzy poziomy wysokości, a zatem może być kojarzona z lasami jodłowymi, igapó i varzea, z reżimem hydrologicznym i pluwiometrycznym jako punkt odniesienia. Las Amazoński, pomiędzy zachodnią Amazonką, południową Amazonką Peryferyjną i środkową Amazonką, leży na dorzeczu Amazonki. Teoretycznie dorzecze Amazonki powinno obejmować tylko wschodnią część stanu Amazonka i stan Pará, z wyjątkiem ujścia do dorzecza Marajó. W praktyce jednak, definicja ta jest przyjęta jako najbardziej wyczerpująca. Basen osadowy Amazonii obejmuje obszar 1 250 000 km2 , leżący pomiędzy brazylijską tarczą a tarczą Guianas, ograniczony na wschodzie Oceanem Atlantyckim, a na zachodzie Peru. Geologicznie region zachodni obejmuje środkowo-zachodnią część stanu Amazonia i stany Acre. Na tych obszarach dominują ostatnie osady. Jedynymi znanymi paleozoicznymi skałami tego regionu są karbońskie osady morskie w stanie Acre. Region centralny rozciąga się między południkami 51°30'-61°00', praktycznie między rzeką Murzyn (w stanie Amazonas) a rzeką Xingu (w stanie Pará). Odpowiada to najwęższej części dorzecza, dobrze charakteryzującej się wychodniami paleozoicznego terenu, który przebiega w pasmach na północ i południe od Amazonki. Kolumna geologiczna basenu Amazonii, w jego centralnej części, jest więc zgrupowana: a) kontynentalna - formacja Alter-do-Chão (Grupa Barreiras), formacja Sucunduri i formacja Itauajuri; b) morska - Itaituba, Monte Alegre, Curuá, Ererê, Maecuru i Trombetas; c) morska i paranalna - formacja Nova Olinda (rysunek 2.6). Podstawę geologiczną basenu amazońskiego tworzą krystaliczne skały prekambryjskie. W regionie Manaus (środkowa Amazonia) można zidentyfikować trzy jednostki litostratygraficzne: najgłębsza jest formacja Trombetas z Pre-Silurii, na której szczycie znajduje się trzeciorzędowa formacja zwana później Formacją Alter-do-Chão z Grupy Barreiras, pokryta osadami czwartorzędowymi (MENDES & PETRI, 1971; DIAS et *al.,* 1980).

Szczególnie w regionie środkowej Amazonii można zaobserwować wpływy florystyczne zarówno z regionu Guianas Shield, jak i południowego regionu Amazonii. Oprócz dominującego lasu tropikalnego jodły pospolitej Terra, w mniejszych miejscowościach występują również inne rodzaje roślinności, takie jak lasy nizinne, łąki i campinaranas. Według GUILLAUMETA (1987) wyróżniające się zbiorowiska roślinne, z zaskakująco niskim nakładaniem się gatunków, związane są z południem - z miejscową topografią i rodzajem gleby, na której występują.

Dorzecze Amazonki rozciąga się na 3 890 000 km2 , co stanowi jedną piątą całego rezerwatu słodkowodnego planety. Jego rzeki są uwarunkowane reżimem deszczowym i stanowią świetny środek transportu dla mieszkańców i towarów w regionie. Szacunki wskazują na ponad 20 tys. km śródlądowych żeglownych dróg wodnych, łączących brazylijski region Amazonii z krajami sąsiadującymi, a także z innymi regionami Brazylii. Rzeka Amazonka jest drugą najbardziej rozległą rzeką na świecie i pierwszą pod względem objętości wody (100.000 ^{m3}), o różnych nominałach, w zależności od regionu, przez który przepływa, mającą swoją ostateczną nazwę (Amazonas) od zbiegu z Rio Negro, w dole rzeki Manaus. Z 6515 km przedłużenia, 3600 biegnie po terytorium Brazylii z prędkością 2,5 km/h, niosąc w swoim dnie tony osadów wyrwanych z brzegów, nadając rzece żółtawy i mulisty wygląd. Jej szerokość waha się od 4 do 5 km, osiągając w niektórych miejscach nawet 10 km. Głębokość rzeki Amazonki może przekroczyć 100 metrów. Wśród ponad siedmiu tysięcy jej dopływów, główne to rzeka Negro w stanie Amazonka, oraz rzeki Trombetas i Jari w stanie Pará, wszystkie na lewym brzegu; oraz rzeki Madera (stan Amazonas), Tapajós i Xingu (stan Pará), wszystkie na prawym brzegu.

Rysunek 2.2: Ekosystem twardej ziemi w stanie Amazonia, Brazylia. Źródło: Autor.

Rysunek 2.3: Ekosystem igapó w regionie rzeki Murzyn, pomiędzy wodami rzek Murzyn i Amazonii. Brazylia. Źródło: Autor.

Rysunek 2.4: Makrofity wodne typowe dla obszarów igapó w Amazonii. Źródło: A. Darwich (2005).

Rys. 2.5: Ekosystem Várzea na rzece Amazonii w dolnym biegu rzeki, Brazylia. Źródło: A. Darwich (2005).

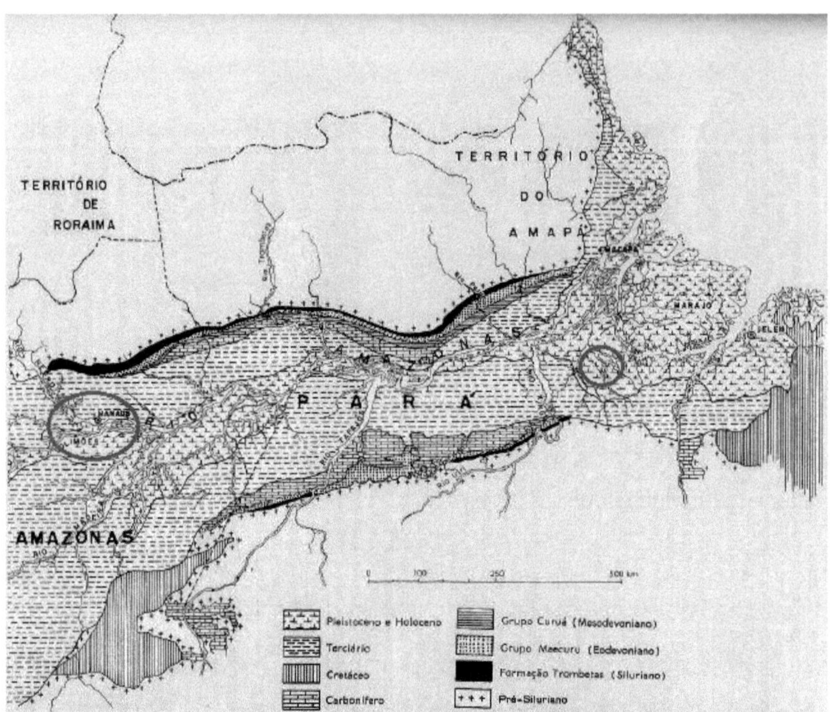

Rys. 2.6. Geologiczna formacja środkowego i wschodniego basenu Amazonii. Źródło: MENDES & PETRI (1971). Obszar pobierania próbek zaznaczony kolorem czerwonym.

2.3 Charakterystyka i właściwości CEC

CEC gleb reprezentuje stopniowanie zdolności uwalniania kilku składników pokarmowych, sprzyjając utrzymaniu płodności przez dłuższy czas i ograniczając lub unikając występowania toksycznych skutków stosowania nawozów w glebach rolniczych. Kationy mogą być adsorbowane do gleby na różne sposoby. Na pewnym etapie mogą one stanowić integralną część gleby, być silnie związane z krzemionką (gleby piaszczyste) i zasadniczo niedostępne dla rosnących roślin. Z drugiej strony, mogą być w pełni rozpuszczalne i nie wchodzić w interakcję z glebą w żadnym znaczącym przypadku, a z drugiej strony, im wyższa jest zawartość gliny, tym wyższy jest wskaźnik CEC, ponieważ cząstki gliny mają największą powierzchnię na jednostkę objętości gleby, a zatem mogą zawierać najwięcej kationów. Pomiędzy tymi dwoma skrajnościami znajdują się kationy wymienne (np. H+ i Al3+), które są słabo związane z cząstkami gleby. W badaniach agrogeologicznych w Brazylii powszechnie stosowanym podejściem jest definicja przedstawiona przez RAIJ (1969), w której zdolność wymiany kationów (CEC) jest podstawową fizykochemiczną cechą gleb. Oznacza ilość jonów dodatnich, które gleba jest w stanie zatrzymać w pewnych warunkach i wymienić na stochiometrycznie równoważne ilości innych jonów tego samego sygnału. Jest to cecha o dużym znaczeniu praktycznym, bardzo przydatna w badaniach żyzności, a także niezbędna do charakterystyki jednostek glebowych.

Po ustaleniu, jest to bardzo ważna informacja, która pomaga poznać skład gleby, jak również jej stopień żyzności. Według GLÓRII (1992), jednym z parametrów, który najlepiej określa żyzność gleby jest CEC uzyskiwany głównie na podstawie zawartości i jakości glin oraz materii organicznej (OM). Różne rodzaje gleb, o różnej strukturze, granulometrii, porowatości, przepuszczalności, pH, stężeniu frakcji piaskowych, mułowych i ilastych, zróżnicowaniu zawartości i stanu dojrzewania OM wykazują różne stopnie CEC. Ponadto gleby mogą znajdować się w różnych stadiach zachowania pokrywy roślinnej i mieć różne przeznaczenie rolnicze, a co za tym idzie, różne poziomy CEC. CEC pomaga scharakteryzować dany typ gleby, ponieważ ponieważ zawartość gliny i materii organicznej jest głównym źródłem ujemnych miejsc elektrostatycznych, istnieje silna korelacja między wartościami CEC a ilością gliny i MG obecnych w glebie. Według VEZZANI'ego (2001), właściwości wschodzące cyklu C w glebie, do których zalicza się stężenie materii organicznej [OM], CEC, agregację, porowatość, przepuszczalność oraz retencję i napowietrzanie wody, stężenie form azotu [Ntot], poprawiają jakość gleby.

CEC jest dobrym wskaźnikiem aktywności koloidalnej, stąd jego znaczenie dla charakterystyki jednostek glebowych. W niektórych przypadkach możliwe jest oszacowanie, które z minerałów przeważają we frakcji ilastej, bez odwoływania się do bezpośrednich oznaczeń mineralogii (RAIJ, 1968), poprzez zawartość CEC, co pozwala zaoszczędzić czas i zasoby.

Kationy o wysokim powinowactwie anionowym można podzielić na cztery grupy: 1) ziemie alkaliczne i zasadowe - sód (Na+), potas (K+), wapń (Ca2+) i magnez (Mg2+); 2) kationy kwasowe - wodór (H+) i aluminium (Al3+); 3) NH4+; e 4) metale śladowe w stosunkowo niewielkich ilościach, takie jak mangan (Mn2+), żelazo (Fe2+), miedź (Cu2+) i cynk (Zn2+). Gleby wapienne i solankowe będą jednak zawyżać CEC, ponieważ mierzone kationy będą również zawierać te rozpuszczone ze złóż mineralnych, co jest konieczne do przeprowadzenia bardziej specyficznych technik analizy (AMRHEIN & SUAREZ, 1990; SUMMER & MILLER, 1996).

2.3.1 Proces wymiany kationów

CEC rozpoczyna się, gdy kationy są uwięzione przez ujemnie naładowane cząstki, szczególnie na ich powierzchni adsorpcyjnej, i są uwięzione przez działanie sił elektrostatycznych (ujemne cząstki gleby przyciągają dodatnie kationy). Ujemne ładunki cząstek glebowych są wynikiem izomorficznych podstawień w strukturach filokrzemianowych, nieskompensowanych wiązań na krawędziach planów siatki lub dysocjacji funkcjonalnych grup organicznych (PANSU & GAUTHEYROU, 2006). W glebach zdolność do wychwytywania i zatrzymywania kationów jest funkcją zwłaszcza drobniejszych cząstek gliny i materii organicznej (ϕ <0,004 mm), które mają dużą powierzchnię właściwą i wysoki ujemny ładunek elektryczny na powierzchni (rysunek 2.7). WANG *et al.* (2005) zaobserwowali pozytywną korelację pomiędzy CEC gleby a zawartością organicznego C gleby i gliny w glebach wapiennych. Reakcje CEC w glebie zachodzą głównie w pobliżu powierzchni cząstek ilastych i próchnicznych, nazywanych mikrolitami (FOTH, 1990). Gleby piaszczyste krzemianowe (kwarcowe), naturalnie o niskim ładunku elektrycznym, co skutkuje niskim CEC. Istnieją jednak sytuacje, w których aluminium (Al3+) może zastąpić krzemionkę (Si4+) w strukturze mineralnej, szczególnie w glebach piaszczysto-gliniastych. W takich przypadkach zastąpienie Si4+ przez Al3+ (zastąpienie izomorficzne) powoduje, że w glebach o znacznym ładunku ujemnym na ich powierzchni, wzrasta CEC w glebie (rysunek 2.8). Według KETTERINGS *et al.* (2007), ponieważ gleba jako całość nie posiada ładunku elektrycznego, ładunek ujemny cząstek ilastych jest równoważony przez ładunek dodatni kationów w glebie. Ładunek ujemny związany z zastępowaniem izomorficznym jest uważany za stały, a zatem ładunek ten nie zmienia się wraz ze zmianami pH. Wymienne miejsca na koloidach glebowych mogą być stałe (stabilne) lub zależne od pH (zmienne), głównie w zależności od pH, zawartości gliny i materii organicznej (ŠKORIĆ, 1991). Według TOMAŠIĆ *i in.* (2013) cząstki ilaste mogą mieć zarówno stały, jak i zmienny ładunek w zależności od rodzaju gliny, natomiast masa organiczna gleby może mieć tylko zmienny ładunek. Istnieje bezpośrednia zależność między rodzajem gleby a stężeniem Al3+ skutecznym dla reakcji. W tym przypadku gleba będzie miała tym większe stężenie Al3+ im większa będzie zawartość kaolinitu (JANSEN *i in.*, 2003). Podczas rozkładu gliny następuje uwolnienie Al3+, który pozostaje na powierzchni cząstki w postaci wymiennego jonu lub jest tymczasowo dostępny w wodzie śródmiąższowej gleby. Tlenek glinu jest czynnikiem, który skutecznie przyczynia się do tworzenia struktury gleb tropikalnych. Jednakże, gdy stężenie wymienialnych Al3+ przekracza pewien procent całkowitej ilości kationów obecnych w efektywnym CEC, wartości pomiędzy 20 a 45 m% (OSAKI, 1991), Al3+ staje się wysoce szkodliwy dla gleby i rolnictwa. W ekstremalnych sytuacjach, np. w glebach, które niedawno zostały spalone, wymienne poziomy Al3+ mogą przekroczyć Σcations, a w tych przypadkach stać się potencjalnie toksyczne dla rolnictwa. Tak długo, jak długo kryształy gliny są nienaruszone, istnieje niewielka możliwość, że Al3+ będzie wymienny aż osiągnie poziom toksyczny. Jednakże, gdy warunki glebowe beztlenowe wystąpią ze względu na ich zagęszczenie, a wartość pH będzie mocno oscylować (mniej więcej), glina będzie zwietrzała, zwiększając uwalnianie glinu (PRIMAVESI, 2006).

Ze względu na przeważnie naładowaną powierzchnię ujemnych ładunków elektrycznych, glina koloidalna, substancje humusowe oraz tlenki Fe i Al mają spolaryzowaną powierzchnię, przyciągającą i wiążącą dla jonów i cząsteczek kationowych (RONQUIM, 2010; APRILE & SIQUEIRA, 2012). Substancje humusowe, tlenki żelaza i glinu oraz minerały ilaste mają specyficzną powierzchnię wymiany kationowej i są głównymi koloidami odpowiedzialnymi za CEC w glebach tropikalnych. Chociaż wiązania te są odwracalne, siła wiązań molekularno-jonowych jest różna w zależności od większej lub mniejszej liczby ładunków ujemnych w stosunku do ładunków dodatnich na powierzchni tych koloidów. W wymienionych koloidach istnieją pewne miejsca wiązań z dodatnimi ładunkami, które mogą przyciągać aniony, zwłaszcza w tlenkach żelaza i aluminium, których CEC jest słabe (20 do 50 mmolc/dm3).

Z definicji koloidy to cząstki gleby o zmniejszonej wielkości (od 10-4 do $^{10-7}$ cm), posiadające ładunki powierzchniowe, które mogą wymieniać składniki odżywcze. Związki humusowe to substancje koloidalne, które gromadzą się w glebie, powstają w wyniku rozkładu OM w warunkach tlenowych, w obecności bakterii i grzybów. Fe i Al seskwioksydy są częścią frakcji koloidalnej gleby i są nieamorficznymi, słabo skrystalizowanymi materiałami. Zdolność wymiany kationowej w glebach tropikalnych jest uwarunkowana obecnością elementów mineralnych takich jak Fe i Al. Badania opracowane przez MELO *i in.* (1983) w koloidach gleb tropikalnych wykazały, że w minerałach ilastych CEC (mmolc/dm3) wzrasta w następującej kolejności: kaolinit (50-150); ylit (100-500); alofan (250-700); montmorylonit (500-1000) i wermikulit (1000-1500). Jeszcze w odniesieniu do badań MELO *i in.* (1983), substancje humusowe mają CEC pomiędzy 1500 a 5000 mmolc/dm3.

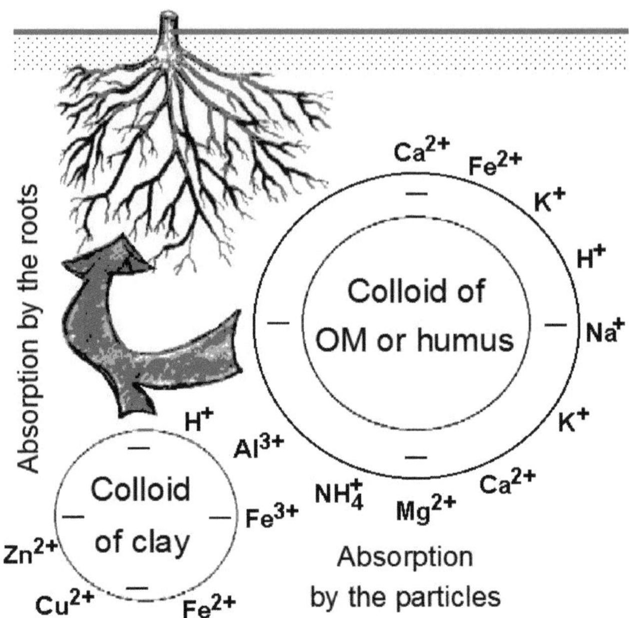

Rysunek 2.7. Atrakcyjne elektrycznie zachowanie na powierzchni cząstek koloidalnych gliny i materii organicznej. Źródło: APRILE & SIQUEIRA, (2012).

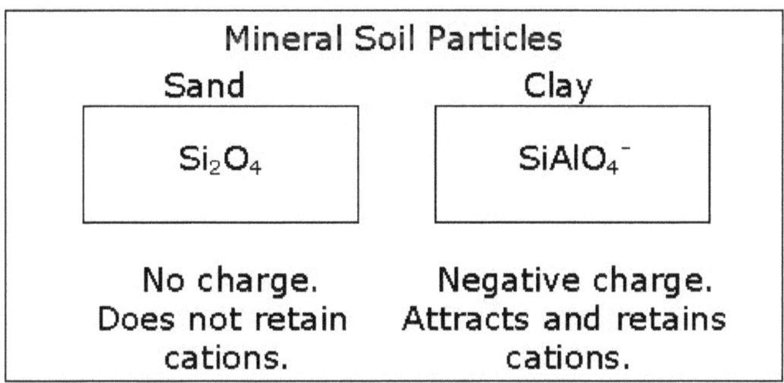

Rysunek 2.8. Zastąpienie izomorficzne Si4+ i Al3+ oraz zmiana zachowania elektrycznego na powierzchni właściwej cząstek gliny i pyłu piaszczysto-gliniastego. Źródło: KETTERINGS *et al.* (2007).

2.3.2 Zawartość CEC i OM w glebie

Główne makroelementy, składające się głównie z pierwiastków N, P, K, Ca, Mg i S, są wchłaniane przez rośliny w większym stopniu niż mikroelementy lub pierwiastki śladowe składające się z pierwiastków B, Zn, Cu, Fe, Mo, Cl i Mn. Obie grupy są składnikami minerałów i OM podłoża, w którym rozwija się roślina, i mogą występować w formie rozpuszczonej w roztworze glebowym lub w zbiorniku wodnym międzywarstwowym. Jeden lub więcej składników pokarmowych może być w niskiej koncentracji lub nawet nieobecny w glebie, w zależności od rodzaju gleby oraz jej zastosowania i zawodu. W tych przypadkach korzenie roślin mają trudności lub nie są w stanie wchłonąć tych elementów. W glebach naturalnych ogranicza to rozwój typowej roślinności. W glebach ornych niedobór ten może być jednak skorygowany przez gospodarowanie (nawożenie i korygowanie gleby), dzięki czemu pierwiastki do tej pory były dostępne dla rośliny w niskich stężeniach. Tabela 2.1. przedstawia średnią zawartość podstawowych składników mineralnych występujących w glebie oraz biomasę roślin lądowych według badań RONQUIM (2010).

Tabela 2.1: Średnia zawartość pierwiastków mineralnych (g/kg) w glebie i biomasie roślin lądowych. Źródło: RONQUIM (2010).

Element	**Średnie poziomy w glebie**	**Wartości graniczne stężenia w roślinie lądowej**
Si	330	0.2 – 10
Al	70	0.04 – 0.5
Fe	40	0.002 – 0.7
Ca	15	0.4 – 15
K	14	1 – 70
Mg	5	0.7 – 9
Na	5	0.02 – 1.5
N	2	12 – 75
Mn	1	0.003 – 1
P	0.8	0.1 – 10
S	0.7	0.6 – 9
Sr	0.25	0.003 – 0.4
F	0.2	<0.02
Rb	0.15	<0.05
Cl	<0,1	0.2 – 10
Zn	0.09	0.001 – 0.4
Ni	0.05	<0.005
Cu	0.03	0.004 – 0.02
Pb	0.03	0.02
B	0.02	0.008 – 0.2
Co	0.008	0.005
Mo	0.003	0.001

OM zawiera praktycznie wszystkie makro i mikroelementy, a także oferuje większą odporność gruntu na działanie sił wietrzenia wody ze względu na zwiększenie przepuszczalności gruntu i jego zdolności absorpcji wilgoci. Wzrost żyzności zależy jednak od zdolności gleby do adsorpcji i utrzymania cząsteczek jonowych do momentu ich wchłonięcia przez korzenie roślin. Gleby o niskiej zdolności zatrzymywania jonów, wyznaczonej przez niskie CEC, tracą część składników pokarmowych podczas silnych opadów lub działania wiatru (wypłukiwanie). Utratę żyzności gleb rolniczych obserwuje się zwykle kilka dni po zastosowaniu nawozów mineralnych. Ponieważ są one bardziej rozpuszczalne w glebach o niskim CEC, nawozy te nie mogą pozostać w glebie przez wystarczająco długi czas, aby mogły zostać wchłonięte przez rośliny.

Kationy oddziaływujące w CEC pomiędzy cząstkami gleby mogą być opcjonalnie wymieniane z innymi kationami, stając się dostępne do asymilacji przez korzenie i kłącza roślin, grzyby hyphae lub nawet wykorzystywane przez wolne od gleby bakterie. Ogólnie rzecz biorąc, kationy takie jak Cu i Zn są zwykle obecne w glebie w bardzo małym stężeniu, aby zajmować dużą część CEC. Z drugiej strony, kationy stosowane przez rośliny w największych ilościach to K, Ca i Mg. W większości gleb w regionach wilgotnych sód nie jest obecny w ilościach wystarczających do zajęcia znacznej części CEC. Jednakże w regionach o suchym klimacie sód może zajmować znaczną część CEC (KETTERINGS *et al.*, 2007), jak również w glebach przybrzeżnych, których transport jonów odbywa się pod wpływem oprysków morskich (APRILE *et al.* 2001 i 2007).

Skład bilansu jonowego jest również czynnikiem przeważającym w analizie i wyznaczaniu efektywnego CEC (bez uwzględnienia jonu H+). Jeśli bowiem większość CEC gleby wynika z obecności niezbędnych kationów (Ca2+, Mg2+ i K+), to można powiedzieć, że gleba ta jest dobra do odżywiania roślin (dobra żyzność). Jeśli jednak większość CEC wynika z obecności potencjalnie toksycznych kationów, takich jak H+ i Al3+, to jest to gleba słabo zasobna w składniki odżywcze, mimo że rozkład materii organicznej następuje w dużych ilościach. Niska wartość CEC wskazuje, że gleba ma niewielką zdolność do utrzymywania kationów w wymiennej formie. W tym przypadku należy unikać zabiegów nawożenia i wapnowania (korygowania kwasowości gleby) w dużych ilościach, właśnie po to, aby uniknąć szybkiej nadmiernej utraty składników mineralnych poprzez ich wymywanie. W regionie Amazonii zajmowanym przez rolnictwo, zarówno na małych jak i dużych obszarach, praktyka spalania jest powszechna. W tych przypadkach, wynikający z tego skład popiołu w glebie tworzą głównie kationy H+ i Al3+, co, jak już wspomniano, powoduje, że gleby stają się mniej wydajne.

CEC gleby oznacza całkowitą ilość wymienialnych kationów, które gleba może adsorbować. Biorąc pod uwagę, że zawartość gliny i materii organicznej w glebie jest dość zmienna, zwłaszcza w glebach tropikalnych i zmienionych przez działalność antropogeniczną, można stwierdzić, że CEC występuje w różnym natężeniu w zależności od rodzaju gleby. Innym czynnikiem warunkującym proces CEC jest wilgotność gleby, ponieważ zawartość wody w glebie zakłóca dostępność wolnych jonów, o czym świadczy zmienność przewodności elektrycznej mierzonej w tej samej glebie, będąca funkcją zmian sezonowych. CEC zmienia się również w zależności od niektórych parametrów, takich jak: stężenie roztworu równowagi, stała dielektryczna ośrodka, walencja przeciwjonowa oraz potencjał powierzchniowy, co znajduje odzwierciedlenie w określaniu pH. Dlatego też pojemność kationowymienna gleb będzie również zależała od warunków doświadczalnych ich oznaczania.

Istotne elementy K+, Ca2+ i Mg2+, klasyfikowane jako istotne makroelementy dla roślin, są adsorbowane do cząsteczek gleby w bardzo specyficznej relacji, obejmującej walencję pierwiastków, rodzaj roztworu glebowego (pH, zasadowość) i rodzaj koloidów. Według TISDALE *et al.* (1993) walencja i uwodniony promień jonowy tych kationów to właściwości związane z dynamiką tych jonów w glebie, określające siłę przyciągania na powierzchni koloidów o przeciwnym ładunku. Ta siła przyciągania zwiększa się wraz z walencją jonu. Jednak im większy jest uwodniony promień jonowy, tym mniejsza jest siła adsorpcji, a co za tym idzie, tym większa jest mobilność w glebie. Tak więc K+ jest bardziej ruchliwy, ponieważ jest monowalentny, a następnie Mg2+, ponieważ ma uwodniony promień jonowy większy niż Ca2+.

Przemieszczanie się Ca2+ i Mg2+ z gleby do korzeni roślin odbywa się za pomocą mechanizmu przepływu masowego. W przypadku Ca2+ ważne jest również wychwytywanie korzeni, ze względu na ich mniejszą ruchomość w glebie. Jednak K+ wykonuje większość jego ruchu dyfuzyjnego (MALAVOLTA *i in.*, 1997). Mechanizmy te są determinantem odżywiania roślin. Podstawową różnicą pomiędzy tymi kationami, która wpływa na dynamikę ich podaży dla roślin, jest ich ruchliwość wewnątrz rośliny. Podczas gdy K+ i Mg2+ mogą być łatwo przenoszone przez floem, Ca2+ jest elementem o niskiej mobilności wewnątrz rośliny (MALAVOLTA *i in.*, 1997). Dlatego też K+ i Mg2+ wchłonięte przez korzenie i nagromadzone w części napowietrznej rośliny mogą być ponownie zmobilizowane w celu zaspokojenia potrzeb żywieniowych młodszych tkanek, gdy ich dostępność w korzeniu maleje. Natomiast Ca2+ musi być bardziej jednorodnie rozmieszczone w glebie, ponieważ jego niedobór w roztworze glebowym w regionach merystematycznych korzeni może stanowić poważne ograniczenie dla rozwoju korzeni, ponieważ ten składnik odżywczy nie jest rozprowadzany wewnętrznie (BENITES *et al.*, 2010). Podczas gdy w większości gleb tropikalnych naturalna obfitość tych składników pokarmowych występuje w kolejności malejącej [Ca2+ > Mg2+ > K+], zależność ta jest odwrócona w tkankach roślinnych, w których stężenie potasu jest wyższe niż wapnia i magnezu. K jest drugim składnikiem pokarmowym najczęściej pobieranym przez rośliny uprawne, a utrzymanie odpowiedniej zawartości składników pokarmowych w glebach rolniczych wymaga szczególnej uwagi (BENITES *i in.*, 2010).

K^+, Ca^{2+} i Mg^{2+} występujące naturalnie w glebach tropikalnych są wynikiem solubilizacji minerałów pierwotnych w procesach pedogenezy. Wynika to z takich czynników jak: wietrzenie, erozja i wypłukiwanie i jest silnie uzależnione od materiału pochodzenia, klimatu, mikroorganizmów, czasu i rodzaju rzeźby terenu (BENITES *i in.* , 2010; QUESADA *i in.*, 2010). Ze względu na duże zróżnicowanie geologiczne i gradient szerokości geograficznej Brazylii, gleby z kontrastującą zawartością tych kationów występują w różnych ekosystemach. Podczas gdy w skrajnych przypadkach wysokie poziomy wapnia i magnezu występują w glebach o klimacie półsuchym, rozwijających się na skałach wapiennych, w innych skrajnych, bardzo niskie poziomy tych pierwiastków obserwuje się, oprócz potasu, w glebach głębokich, silnie intemperyzadycznych, rozwijających się w klimacie tropikalnym, z osadów detrytycznych trzeciorzędowych (BENITES *i in.*, 2010, Rysunek 2.9).

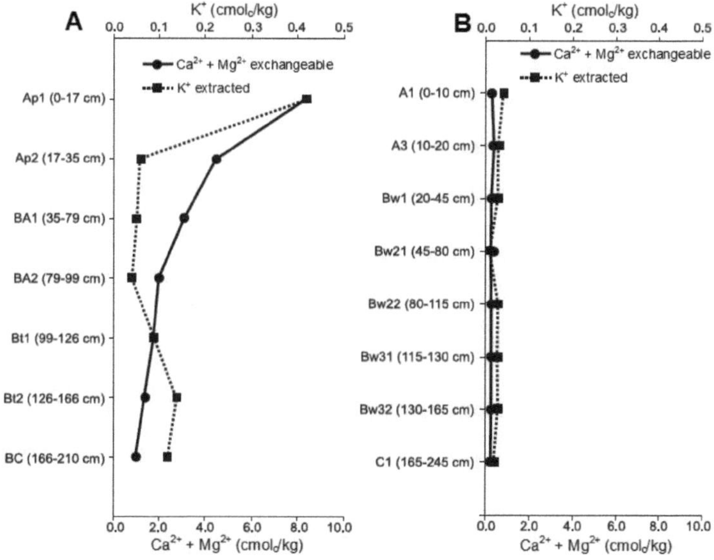

Rysunek 2.9: Profile glebowe z wymienną zawartością Ca^{2+} i Mg^{2+} oraz z możliwością ekstrakcji K^+: A) Argilit o bardzo gliniastej strukturze miasta

Criciúma (SC), oraz B) Dystroficzny Czerwony Latosol o średniej strukturze Brasílii (DF). Źródło: A) Embrapa (1998) i B) Embrapa (1978) - zmodyfikowane.

Składniki gleby, które posiadają właściwości kationowymienne, są często oddzielone w zależności od ich charakteru w: organicznym, nieorganicznym i mineralnym. Gleby o różnej teksturze i granulometrii mają różne stężenia CEC. Gleby organiczne - np. Organosol, Gleysol i Neosol - o wyższych poziomach materii organicznej, na różnych etapach humifikacji, mogą mieć od 5 do 50 razy więcej CEC w masie niż na przykład oksytole. Według badań opracowanych przez RAIJ *et al.* (1996), zawartość materii organicznej może być przydatna w celu uzyskania informacji na temat struktury gleby. W przypadku wartości OM do 15 g/dm3 za strukturę gleby uważa się strukturę piaszczystą; między 16 a 30 g/dm3 za strukturę średnią; oraz od 31 do 60 g/dm3 za strukturę ilastą. Gleby o wartościach znacznie powyżej 60 g/dm3 wskazują na akumulację materii organicznej w glebie w warunkach miejscowych, zwykle z powodu słabego drenażu lub wysokiej kwasowości. CEC zarówno materii organicznej, jak i nieorganicznej jest zazwyczaj obliczany na podstawie danych uzyskanych dla integralnej próbki gleby oraz dla próbek z tej samej gleby, w której materia organiczna została zniszczona. Metody statystyczne zostały również zastosowane w przypadku zestawów próbek gleby. Tabela 2.2 podsumowuje typowe przedziały CEC w zależności od różnych rodzajów gleb. Dane przedstawione w tabeli są ogólnymi przykładami, a właściwości fizyczne i chemiczne gleb, ich cechy biologiczne, takie jak aktywność bakterii, aspekty klimatyczne (opady, wymywanie i wietrzenie) oraz stan naturalny lub zakłócenia antropogeniczne w glebie mogą drastycznie zmienić poziom CEC. Informacje te są bardzo ważne zwłaszcza na obszarach przeznaczonych pod pewien rodzaj upraw, ponieważ przyczyniają się do podejmowania decyzji o procesach sztucznego nawożenia, które mają zostać przyjęte.

Tabela 2.2: Rodzaje gleb z odpowiednimi przedziałami klasowymi dla CEC (cmolc/kg).

Gleba	Klasa	CEC	Charakterystyka
George Sand	Niski poziom	0 – 10	Niska koncentracja adsorbowanych składników odżywczych, wskazująca na silne wietrzenie i wymywanie gleb.
Mineral	Nisko-średnio zaawansowane	10 – 15	Nieznacznie niska zawartość składników odżywczych, wskazująca na procesy mineralizacji, z możliwością wymywania jonów.
Pochyłka piaskowa	Medium	15 – 25	Średnia zawartość składników odżywczych dostępnych w glebie, w zależności od koncentracji kwarcu i plam mułowych.
Piaskowo-glina	Średnio - normalny	25 – 40	CEC najczęściej obserwowane, zwłaszcza na nowych glebach, bardziej odpowiednie do uprawy i mogą mieć śladowe ilości substancji organicznych rozmieszczonych w poszczególnych obszarach.
Glina	Normal-high	40 – 50	Wysoka adsorpcja jonów mineralnych dzięki dużej zawartości gliny w glebie. Zazwyczaj gleby bardziej zwarte.
Glina + OM	Bardzo wysoki	>50	Bardzo wysoka adsorpcja jonów spowodowana wysoką zawartością gliny i OM nie wskazuje jednak na żyzną glebę, ponieważ jony te mogą nie być łatwo adsorbowane przez rośliny w zależności od pH lub innych właściwości gleby.

Gleby tropikalne są ekosystemami o specyficznych cechach wilgotności, zawartości materii organicznej oraz obecności utleniających się składników jonowych (bogate w tlenki), co powoduje bardzo dobre zagęszczenie gleby. Przy intensywnej uprawie tej gleby, powodującej zmniejszenie dostępnego stężenia OM, obniżają się całkowite wartości CEC. W zabiegach korekcji kwasowości gleby, zwłaszcza przy zastosowaniu wapienia, powstają i uwalniane są do gleby nowe składniki kationowe, takie jak Ca2+ i Mg2+, co zwiększa całkowite CEC. Jednak intensywna i długotrwała uprawa tej samej odmiany może prowadzić do degradacji materii organicznej, a w konsekwencji do zniszczenia struktury biologicznej, drastycznie obniżając żyzność gleby. Inna klasyfikacja, która koreluje stężenie CEC z żyznością gleb tropikalnych w Brazylii, została zaproponowana przez CATANI & JACINTO (1974) i podsumowana w tabeli 2.3.

Tabela 2.3: Związek pomiędzy zawartością CEC a żyznością brazylijskich gleb tropikalnych. Źródło: CATANI & JACINTO (1974).

[CEC] 1 mmolc/100 g	Współczynnik dzietności gleby
<5.0	Niski poziom
5.1 – 15.0	Umiarkowany
15.0 – 50.0	Wysoki
>50.0	Bardzo wysoki

Uważane za ważne składniki frakcji mineralnej gleb w warunkach tropikalnych, kaolinit oraz tlenki żelaza i glinu mogą mieć niewielki udział w CEC, ale OM może stanowić ponad 80% całkowitej wartości CEC. Substancja organiczna jest naturalnie mniejszą cząstką i ma większą ujemną powierzchnię właściwą niż glina, dlatego też wykazuje większą zdolność wymiany kationów. Według KETTERINGS *et al.* (2007), źródło ładunku ujemnego w materii organicznej jest inne niż w minerałach ilastych; dysocjacja lub rozdzielenie na mniejsze jednostki kwasów organicznych powoduje ładunek ujemny netto w materii organicznej w glebie, i ponownie ten ładunek ujemny jest równoważony przez kationy w glebie. Ponieważ dysocjacja kwasów organicznych zależy od ph gleby, CEC związane z materią organiczną w glebie nazywane jest CEC zależnym od pH. Oznacza to, że rzeczywiste CEC gleby zależy od jej pH. Biorąc pod uwagę tę samą ilość i rodzaj materii organicznej, gleba neutralna (pH ~7) będzie miała wyższe CEC niż gleby umiarkowanie kwasowe (5,4< pH <6,5), innymi słowy, CEC gleby o ładunku zależnym od pH będzie wzrastać wraz ze wzrostem pH (KETTERINGS et al., 2007). Gleba będzie miała wyższe CEC wraz ze wzrostem stężenia materii organicznej. Zależność ta jest ważna w prawie wszystkich sytuacjach. Wyjątek stanowi gleba silnie kwaśna, w tym przypadku wykazująca wysoki poziom wolnego H+, co obniża efektywne CEC. Warunki mikrobiologiczne będą również wpływać na produkcję stabilnego MG, a w konsekwencji na wartość CEC. W przypadku wysokiej aktywności bakterii lub grzybów powstaną kwasy humusowe, które zmienią strukturę gleby (zwiększą przepuszczalność), a w konsekwencji objętość wody śródmiąższowej. Według ROSS & KETTERINGS (2001), miejsca wymiany kationów znajdują się przede wszystkim na powierzchniach minerałów ilastych i materii organicznej (OM). Gleba, w której występują OM, wytwarza większe CEC przy prawie neutralnym pH niż w warunkach kwaśnych (CEC zależne od pH). W związku z tym dodanie materiału organicznego z czasem prawdopodobnie zwiększy CEC gleby. Z drugiej strony, CEC gleby może z czasem ulegać zmniejszeniu na skutek naturalnego lub nawozowego zakwaszenia i/lub rozkładu OM.

2.3.3 CEC i pH gleby

Odczyn pH gleby może być różny z przyczyn naturalnych, takich jak rozkład materii organicznej, gromadzenie się popiołu z aktywności wulkanicznej, wietrzenie i wymywanie gleby, w tym podnoszenie się poziomu wody w rzekach i jeziorach, co jest zjawiskiem bardzo powszechnym na obszarze zalewowym Amazonii. Rozkład materii organicznej jest funkcją zależną od ilości ściółki wytwarzanej przez las, co z kolei ma charakter sezonowy. Działania antropogeniczne mogą szybko zmieniać pH gleby poprzez stosowanie nawozów azotowych lub przez pożary, które zmieniają stężenie i dostępność Al3+ w glebie. Według ROBERTSON *et al.* (1999) pomiar zdolności kationowymiennej jest skomplikowany ze względu na fakt, że na CEC ma wpływ zarówno pH, jak i siła jonowa roztworu glebowego, zwłaszcza na glebach silnie zwietrzałych oraz innych glebach bogatych w tlenki Al i Fe, wodorotlenki i gliny amorficzne. Ważnym parametrem glebowym jest pH, które jest dodatnio skorelowane z CEC (FOTH, 1990), dzięki czemu wysokie wartości pH zwiększają liczbę ładunków ujemnych na koloidach i CEC (TOMAŠIĆ *i in.*, 2013). Z tego powodu tradycyjne metody pomiaru CEC obejmują dostosowanie pH gleby do 7,0, co powoduje, że CEC w glebach z minerałami o zmiennym ładunku lub znaczną zawartością materii organicznej wprowadza w błąd.

W glebach gorących regionów równikowych i tropikalnych o obniżonej pojemności buforowej, odporność gleby na nagłe zmiany pH jest słaba, często obserwuje się brak równowagi jonowej w wyniku dodawania nawozów. Jest to powszechnie odnotowywane na piaszczystych i krzemowych glebach regionu Terra firme Amazonka. Można tego uniknąć, utrzymując odpowiedni poziom OM w glebie. OM zwiększa siłę buforowania gleby i zmniejsza prawdopodobieństwo wystąpienia nierównowagi mineralnej (zmienności bilansu jonowego) spowodowanej nawożeniem samowolnym. Jednak np. gleby humusowe typu Gley i inne bogate w OM, a nawet gleby o wyższym CEC, we wszystkich tych sytuacjach mają większą zdolność buforowania układu.

Stopień kwasowości lub zasadowości gleby jest bezpośrednio związany z jej zdolnością buforowania i CEC. W ten sposób można powiedzieć, że żyzność gleby jest funkcją stanu ph gleby. Na takie aspekty, jak struktura gleby, stopień rozpuszczalności minerałów, dostępność składników pokarmowych (rezerwy i adsorpcja), aktywność mikrobiologiczna i wchłanianie jonów przez rośliny wpływa obecność w glebie pierwiastków kationowych. Spośród wszystkich pierwiastków kationowych główną funkcją kontrolną odczynów fizykochemicznych w glebie jest koncentracja jonów H+ w wodzie śródmiąższowej (kwasowość chwilowa) i w formie adsorbowanej do cząsteczek mineralnych i organicznych (kwasowość potencjalna). Wartość pH określa ilość jonów H+ w glebie. Stwierdza się zatem, że gleba jest kwaśna, gdy zawiera wiele jonów H+, a niewiele jonów K+, Ca2+ i Mg2+ adsorbowanych w swoim kompleksie wymiany koloidalnej. W przypadku RONQUIM (2010) gleby o wysokiej kwasowości mają z reguły niski poziom zasad Ca2+ i Mg2+, wysoką zawartość Al3+, nadmiar Mn2+, dobrą zdolność adsorpcyjną P w koloidach glebowych oraz niedobór niektórych mikroskładników pokarmowych. Zdaniem autora, pH gleby jest wskaźnikiem sytuacji nie tylko fizykochemicznej, ale również biologicznej, która wykazuje zróżnicowane i bezpośrednie oddziaływanie na korzenie roślin.

Gleby kwaśne są powszechnie obecne w regionie Amazonii, zwłaszcza na obszarach jodłowych Terra, gdzie wysokie opady, które wynoszą od 2500 do 3000 mm/rok, mogą osiągać wartości wyższe niż 5000 mm/rok w regionach andyjskich i przedalpejskich, mogą powodować wymywanie alkalicznych i zasadowych elementów ziemi. W tych przypadkach wody bogate w CO_2 dodatkowo ułatwiają proces transportu jonowego poprzez tworzenie się koloidów węglanowo-wapniowych. Zakwaszanie gleby jest naturalnie występującym procesem chemicznym.

Wszystkie gleby ulegają procesowi wietrzenia, a zakwaszenie jest częścią tego naturalnego "starzenia się". W Brazylii, ogólnie rzecz biorąc, a przede wszystkim w Amazonii, ze względu na stan wilgotnego klimatu tropikalnego, gdzie opady deszczu i wysokie temperatury są intensywne przez cały rok, występują starsze gleby, a co za tym idzie, więcej kwasów. Z tego powodu w glebach uprawnych często stosuje się wapnowanie lub korygowanie gleby przed sadzeniem. Korelacja poprzez wapnowanie nasyca kompleks wymienny Ca2+ i Mg2+ oraz podnosi pH do poziomu, w którym Al staje się praktycznie niedostępny dla upraw. W celu ustalenia korekcji gleby należy zastosować pierwiastki, które uwalniają aniony i tworzą słaby kwas z H+, przez co staje się on niedostępny w postaci jonowej. Ponadto ważne jest, aby proces ten uwalniał Ca2+ i Mg2+ do wchłonięcia przez korzenie roślin. Materiałami powszechnie stosowanymi do korygowania kwasowości gleby tropikalnej są wapienie, występujące w naturze bezpośrednio na skale, które są mielone i przesiewane w celu zastosowania w glebie. Stosowane w glebie wapienie tworzą jony Ca2+, Mg2+ i HCO3- w procesie rozpuszczania i dysocjacji. W przypadku wodorowęglanu reaguje on z wodą tworząc jony hydroksylowe (OH-), wodę i dwutlenek węgla (CO_2). Jony OH- reagują z jonami Al3+ i H+ adsorbowanymi na cząsteczki, tworząc nierozpuszczalny $Al(OH)_3$, neutralizując toksyczny potencjał aluminium i uwalniając ładunki wcześniej zajmowane przez ten pierwiastek (MALAVOLTA, 1984). Wyniki procesu korekcji kwasowości gleby przez wapnowanie (unieruchomienie jonów H+) zostały zilustrowane w badaniach opracowanych przez RONQUIM (2010) na lekko kwaśnych glebach Cerrado, w regionie São Carlos (SP), w Alic Latosols (rys. 2.10), o składzie i cechach granulometrycznych zbliżonych do gleb badanych w kampusie Federalnego Uniwersytetu São Carlos - UFSCar przez autorów. Pomiar pH w wodzie w roztworach KCl i CaCl2 oraz pH SMP wykonano zgodnie z protokołami opisanymi w p. **5.9** Materiałów i Metod. Wstępne wyniki wykazały, że w ciągu nieco ponad miesiąca wartości pH wzrosły o około jedną jednostkę, co oznacza dziesięciokrotny spadek stężenia hydrogenionowego w roztworze.

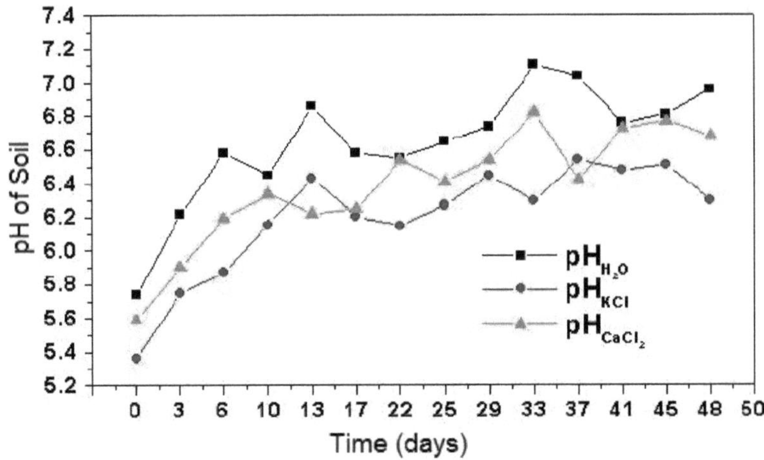

Rysunek 2.10: Zmiany pH gleby w funkcji czasu. Dane: Alic Latosol, z którego pobrano próbkę na głębokości 20 cm pod roślinnością Cerrado w São Carlos (SP), mierzoną w wodzie oraz w roztworze KCl i CaCl2 po dodaniu wapienia dolomitowego. Źródło: RONQUIM, 2010 - zmieniony.

Biorąc pod uwagę, że CEC jest sumą zasad kationowych, możliwe jest również wyrażenie CEC w formach efektywnych lub wymiennych (CECe) i potencjału CECp (RHEINHEIMER *et al.*, 1998; FALLEIRO *et al.*, 2003), określanych również jako CEC neutralne, ekstrahowane lub miareczkowane. Według MELO *i wsp.* (1994), w niektórych badaniach CEC oblicza się za pomocą sumy kationów wymiennych w glebie, w innych jest on określany za pomocą kationu wskaźnikowego o pH równym 7,0 i określany jako potencjalne lub naturalne CEC. CECe mierzy ilość ładunków obecnych w glebie, uwzględniając pH gleby w czasie pobierania próbek, bez korekty, przy użyciu metody ekstrakcji z użyciem buforu KCl (patrz pkt **5.11.6.8**). Potencjalna zdolność wymiany kationowej (CECp), która występuje przy pH= 7,0, uważa, że ładunki w glebie są stałe i zależne od pH, ponieważ pH zakłóca bezpośrednio mobilność jonową, co zostało już omówione. CECp uwzględnia wszystkie wymienne kationy gleby (Na+ + K+ + Ca2+ + Mg2+ + H+ + Al3+). Jednak H+ jest usuwany z powierzchni adsorpcyjnej tylko poprzez bezpośrednią reakcję z hydroksylem (OH-) w celu uzyskania wody (H+ + OH- → H2O). W tym przypadku CECp przy neutralnym pH (roztwór buforowany) jest obliczany przez dodanie zasad (*B*) do potencjalnej kwasowości. Biorąc pod uwagę brak kontroli pH gleby (CECe) i/lub buforowanie gleby (CECp), do porównania wyników wybrano sześć metod oznaczania CECp. Te dwie metody są stosowane łącznie do analizy zachowania się gleby w pewnych warunkach zakwaszenia. Według RONQUIM (2010), gleba może wykazywać wysoką potencjalną wartość CEC (np. CECp= 100 mmolc/dm3), ale znaczna część ujemnych ładunków gleby (np. 60%) to adsorbujące się jony H+, a efektywny CEC będzie wynosił tylko CECe= 40 mmolc/dm3.

Inną uzupełniającą miarą w analizie CEC gleby jest nasycenie zasadowe (V) wyrażone w %. Nasycenie zasadowe nazywane jest sumą wymiennych zasad pojemności kationowej (równanie 2.1). Według RONQUIM (2010), nasycenie zasadowe jest doskonałym wskaźnikiem ogólnych warunków żyzności gleby, stosowanym aż do momentu uzupełnienia w nomenklaturze gleb. Gleby można więc podzielić według nasycenia zasadowego: gleby eutroficzne (żyzne) = V ≥50%; gleby dystroficzne (mniej żyzne)= V <50%. Niektóre gleby dystroficzne mogą być bardzo ubogie w Ca2+, Mg2+ i K+, mają bardzo wysoką zawartość wymiennego Al3+, osiągając nasycenie aluminium w masie (m%) powyżej 50%. W tym przypadku klasyfikuje się je jako gleby alkaliczne (bardzo ubogie) o zawartości wymiennego Al3+ ≥5 mmolc/dm3 i m% ≥50%. Niski wskaźnik V oznacza, że występują niewielkie ilości kationów, takie jak K+,

Ca^{2+} i Mg^{2+}, nasycające ładunki ujemne koloidów, a większość z nich jest neutralizowana przez H^+ i Al^{3+}. Gleba w tym przypadku jest prawdopodobnie kwaśna, a nawet może zawierać glin w stopniu toksycznym dla roślin, co jest powszechne na obszarach roślinności Cerrado, obecnych w miejscach zarówno w Lasie Atlantyckim, jak i w Puszczy Amazońskiej. Większość obszarów rolniczych utrzymywanych przez nawożenie mineralne ma dobrą produktywność, gdy w glebie wartość V jest uzyskiwana między 50 - 80% i wartość pH między 6,0 a 6,5.

$$V = \frac{100 \times \sum B}{CEC_p} \quad or \quad V = \frac{100 \times CEC_{sum}}{CEC_p} \qquad \text{(Eq. 2.1)}$$

Gdzie: V (%); potencjał CEC_p

3. CELE

3.1 Pierwotne cele (1993 r.)

1. Aby określić CEC trzech jednostek mapujących glebę: Alic Yellow Red Latosol (LVa); Dystrophic Red Latosol (LVd) i Eutrophic Red-Dark Latosol (LEe), występujących na terenie kampusu Federalnego Uniwersytetu São Carlos (UFSCar - SP), przy zastosowaniu dwóch różnych metodologii.
2. Skorelowanie uzyskanych danych z danymi z mineralogii ilastej i CEC uzyskanymi dla spektrofotometrii absorpcji atomowej uzyskanej przez LORANDI *i wsp.* (1988), w celu uzyskania metody zgodnej z celami stosowanymi dla regionalnych map geotechnicznych.

3.2 Cele rozszerzone (2019 r.)

1. Analiza CEC w pięciu (5) kategoriach glebowych Lasu Ombrofijnego Atlantyku i lasu wtórnego w kontynentalnej (wewnętrznej) części kampusu UFSCar (SP): Dystroficzny czerwono-żółty Latosol (LVAd);

Dystroficzny czerwony Latosol (LVd); Haplic Organosol (OX); Haplic Gleysol (GX) i optyczny neosol kwarcowy (RQ).

2. Analiza CEC w czterech (4) kategoriach glebowych Amazońskiego Lasu Ombroficznego w Zachodniej i Środkowej Amazonii: Dystroficzny żółty Latosol (LAd); Haplic Dystroficzny Plinthsol (FXd); Alitic Red Argisol (PVa) i Haplic Gleysol (GX) oprócz piaskowców plażowych.
3. Testowanie i porównywanie sześciu metod analitycznych określania CEC w oparciu o ich odpowiednie stopnie pewności, wrażliwości, praktyczności, czasu analizy, kosztów eksploatacji i obsługi.
4. Określenie najbardziej odpowiedniej metody oznaczania CEC w glebach tropikalnych lekko kwaśnych do kwasowych, o dużej zmienności gliny i materii organicznej.
5. Skorelowanie uzyskanych danych ze zmiennymi sedymentologicznymi pH, przewodności, zawartości materii organicznej, cząstkowego węgla organicznego i jonów [Na+, K+, Ca2+, Mg2+, H+, Al3+, NH4+] oraz metali śladowych, w oparciu o różne zabiegi statystyczne.
6. Stworzenie mapy badań glebowych w oparciu o klasyfikacje morfologiczne, topograficzne i chemiczne (zawartość CEC i OM) dla obszarów wchodzących w skład obu badanych regionów.

4. OBSZARY STUDIOWE

Obszary badań wybrane do tych badań zostaną opisane w punktach 4.1 i 4.2, z naciskiem na właściwości gleb tropikalnych, od których pobierane są próbki w celu określenia, dla porównania, zdolności kationowymiennej za pomocą sześciu metod analitycznych stosowanych zwykle w badaniach geochemicznych.

4.1 Atlantycki las deszczowy

Pobieranie próbek gleby w lesie atlantyckim skupione było w kampusie Federalnego Uniwersytetu São Carlos - UFSCar (21°58'-21°59,5'S i 47°52'-47°53,2'W, rysunek 4.1) leżącym w jednym z ostatnich obszarów atlantyckich lasów deszczowych południowo-wschodniej Brazylii. Położony jest na bardzo poszarpanych wyżynach na północy i południu przez linie klifów, na średniej wysokości 850 m nad poziomem morza, o łącznej powierzchni 710 hektarów. Obecnie niewiele z pierwotnej roślinności zachowało się na obszarze objętym próbą, na który składały się Las Mesofoliada, Las Araucaria oraz użytki zielone i zarośla w regionach niższych. Obszary rolnicze i pasterskie są częściowo zajęte przez typową roślinność Cerrado. Obszar ten został wybrany, ponieważ w jego obrębie występuje naprzemienność pomiędzy nieznacznie zmienionymi płatami roślinności a lasami wtórnymi, przy czym w glebach występuje taka sama naprzemienność, zwłaszcza w pierwszych poziomach A i B.

Według Köppen-Geiger (KÖPPEN, 1948) klimat na badanym obszarze klasyfikowany jest głównie jako subtropikalny "*Cwa*" z suchą zimą i gorącym latem. Średnia roczna temperatura wynosi 21 °C, co oznacza dużą amplitudę, maksymalnie 39 °C w lutym, a minimalnie 10 °C w okresie od lipca do sierpnia. Pora deszczowa występuje między październikiem a marcem, skupiając średnio 81 % całkowitej rocznej sumy opadów między 1500 a 1800 mm.

Skład gleby jest bardzo zróżnicowany, z plamami gleby gliniastej o różnej zawartości piasku, typowej dla przejścia z gleby leśnej do gleby Cerrado. Jeśli chodzi o strukturę, dominują gleby o średniej strukturze (gliniaste). Gleby zostały sklasyfikowane jako skrajnie kwaśne (pH <4,3) i umiarkowanie kwaśne (5,4 <pH <6,5), różniące się głównie między 4,0 a 5,1. Piwnica jest zbudowana z granitu i gnejsów. Istnieją oznaki kwaśnych plam humusowych gleby o dużej zawartości OM, wysokiej żyzności (rysunek 4.2). Pełna charakterystyka gleb ma za główny cel ich klasyfikację i kartograficzne odgraniczenie. Po opisaniu i scharakteryzowaniu, gleby są następnie klasyfikowane do zorganizowanych w tym celu systemów taksonomicznych. Dla brazylijskich gleb tropikalnych opracowano i zaktualizowano system klasyfikacji gleb, zorganizowany w celu spełnienia warunków klimatu tropikalnego, którym podlega większość kraju.

Ze względu na naturalnie nieregularną rzeźbę terenu oraz na zróżnicowaną i intensywną ingerencję gleb do celów rolniczych i miejskich, w różnych częściach badanego obszaru nie jest możliwe ustalenie wzorca cech morfologicznych gleb regionu. Cechy te, opisane przez IBGE (2007 r.) i uwzględniające takie aspekty, jak przejście między poziomami, odległość między nimi, stopień ostrości lub kontrastu oraz grubość lokalnej topografii, są bardzo zróżnicowane na obszarze fragmentu Lasu Atlantyckiego i lasów wtórnych kampusu uniwersyteckiego (Uniwersytet Federalny São Carlos). Jeśli chodzi o ostrość lub kontrast i grubość, na podstawie obserwacji lokalnych sklasyfikowano przejście horyzontów jako: nagłe, w tym przypadku, gdy pas oddzielający był mniejszy niż 2,5 cm; wyraźne, gdy zakres oddzielający wynosił od 2,5 do 7,5 cm, oraz stopniowe, gdy zakres oddzielający wynosił od 7,5 do 12,5 cm. Pod względem topograficznym rejon ten klasyfikowany był jako: pofalowany lub sinusoidalny, w tym przypadku na obszarach, gdzie pas oddzielający wykazywał nierówności w stosunku do płaszczyzny poziomej; nieregularny, na odcinkach, gdzie pas oddzielający poziomy wykazywał, w stosunku do płaszczyzny poziomej, zbocza głębsze niż szerokie; oraz w topografii złamanej lub nieciągłej, w sytuacjach zaobserwowano przerwanie pasów glebowych przez obecność skał przerywających horyzont B. Tabela 4.1 zawiera podsumowanie gleb badanych w badanym regionie Lasu Atlantyckiego, zgodnie z Brazylijskim Systemem Klasyfikacji Gleb SiBCS) oraz ich odpowiednie aktualizacje przez EMBRAPA (1999, 2005) i SANTOS *et al.* (2011).

Tabela 4.1: Klasyfikacja gleb, z których pobierane są próbki w Lesie Ombrofijnym Atlantyku zgodnie z klasyfikacją uaktualnioną przez SANTOS *et al.* (2011).

Gleba	Klasa
Dystroficzny czerwono-żółty Latosol + Dystroficzny czerwony Latosol + Neosol kwarcowy optyczny	LVAd19
Dystroficzny Czerwony Latosol	LVd1
Dystroficzny Czerwony Latosol + Dystroferyczny Czerwony Latosol	LVd2
Haplic Organosol + Melanic Gleysol Tb Dystrophic + Haplic Gleysol Tb Dystrophic	OXy2
Haplic Gleysol Tb Dystrophic	GXbd1
Neosol optyczny kwarcowy + Dystroficzny czerwono-żółty Latosol	RQo4

Ogólnie rzecz biorąc, Red Latosols (LV) składają się z materiału mineralnego, przedstawiającego latosolowy Horizon B, bezpośrednio pod każdym rodzajem Horizon A, w odległości od 200 do 300 cm od powierzchni gleby, w zależności od mniejszej lub większej grubości Horizon A. Red Latosols mają odcień 2,5YR lub więcej czerwieni przez większość pierwszych 1,0 m od Horizon B (włączając BA). Gleby od typu Dystrophic Red Latosol do typu Dystroferric Red Latosol (LVd) mają, odpowiednio, teksturę od średniej do gliniastej oraz płaską i gładką pofałdowaną rzeźbę terenu. Gleby wykazują niskie nasycenie na podłoże (V <50% w większości pierwszych 1,0 m w Horyzoncie B), a Fe2O3 waha się od 180 do 350 g/kg, dla większości Horyzontu B. Zawartość gliny jest zmienna, ze średnim stężeniem 250 g/kg w LV dystroficznym i ponad 350 g/kg w LV dystroficznym. Glejele (GX) są glebami składającymi się z materiału mineralnego z horyzontem glejowym, z podpowierzchniowym horyzontem mineralnym o miąższości 15 cm lub większej, charakteryzującymi się obniżoną Fe i obniżoną przewagą stanu, głównie na skutek stagnacji wody, o czym świadczą barwy neutralne lub bliskie neutralnej w macierzy horyzontu. Neosole (R) są glebami słabo rozwiniętymi, zbudowanymi z materiału mineralnego lub z materiału organicznego o miąższości poniżej 20 cm, nie wykazującymi typu Horyzontu B. Są to gleby dystroficzne lub eutroficzne A umiarkowane, o strukturze ilastej i średniej (EMBRAPA, 1999, 2005 i IBGE, 2007).

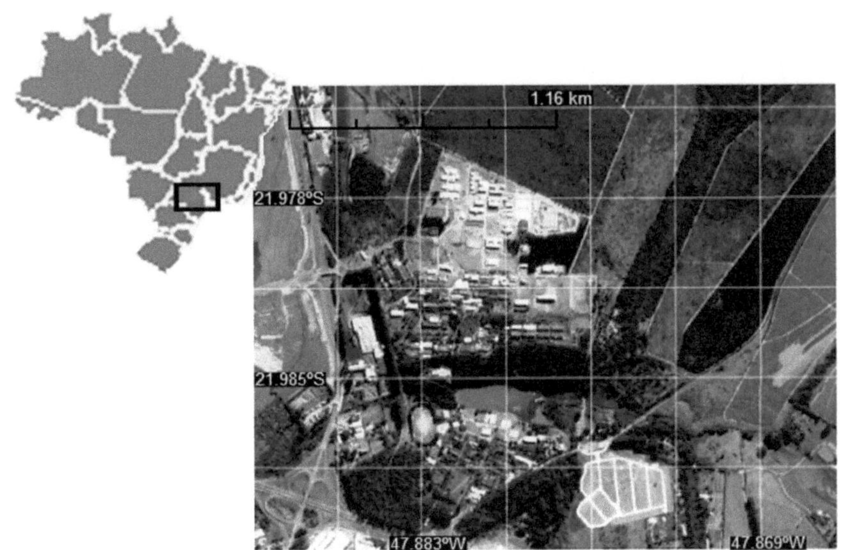

Rysunek 4.1: Obszar pobierania próbek gleby na terenie kampusu Federalnego Uniwersytetu São Carlos (São Paulo), reprezentujący tropikalne gleby Lasu Atlantyckiego.

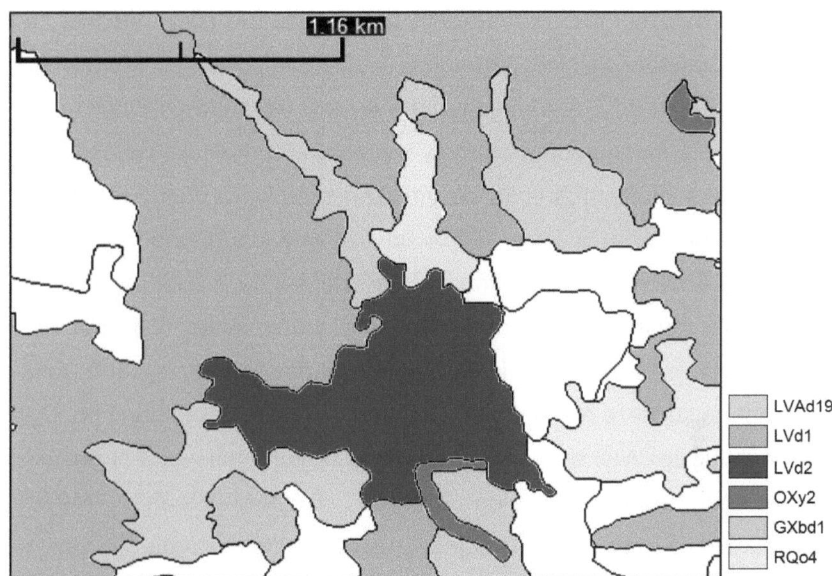

Rysunek 4.2: Klasyfikacja gleb, z których pobierane są próbki w obszarze Lasu Atlantyckiego, zgodnie z Brazylijskim Systemem Klasyfikacji Gleb (SiBCS).

4.2 Amazoński las deszczowy

W Amazońskich Lasach Tropikalnych prowadzono badania na obszarach położonych między zachodnią Amazonką, południową Amazonką Peryferyjną i środkową Amazonką, które są siedliskiem dużej różnorodności organizmów lądowych i wodnych. Zgodnie z klasyfikacją klimatyczną Köppen-Geiger (KÖPPEN, 1948) na większości badanego regionu panuje klimat "*Am*" ciepły i stale wilgotny (klimat monsunowy), a na południu Amazonii Peryferyjnej występuje również wyraźna pora sucha, gdzie klimat klasyfikowany jest jako "*Aw*" ciepły i lekko suchy, tropikalny z suchą porą zimową. Średnia roczna temperatura w regionie wynosi 26 °C, przy czym minimalna wynosi 19 °C, a maksymalna 39 °C.

Stan izotermiczny jest konsekwencją obecności pary wodnej w atmosferze zawsze wysokiej wilgotności względnej powietrza, która waha się między 77 a 88 %, a średnia roczna wynosi 84 % (LEOPOLDO *i in.*, 1987). Średnia roczna suma opadów wynosi 2200 mm/rok, z wahaniem między 1800 a 2800 mm/rok, przy czym skoncentrowane opady występują od grudnia do maja, a pora sucha od czerwca do listopada. Jednak południowa Amazonia Peryferyjna jest bardziej sucha, z opadami między 1800 a 2000 mm/rok. Najdeszczliwsze miesiące w zachodniej Amazonii to marzec i kwiecień, z miesięcznymi opadami powyżej 300 mm, natomiast najsuchsze miesiące to sierpień i wrzesień, z opadami poniżej 100 mm/miesiąc. Większa część badanego regionu pokryta jest gęstym lasem deszczowym. Według danych RADAM-BRAZYL (1978) zidentyfikowano trzy najważniejsze regiony fitosanitarne, o czym świadczą klasy: Formacje Campinarana, Gęsty Las Tropikalny i Otwarty Las Tropikalny oraz dalsze zalewowe obszary akumulacji.

Próbki gleby w regionie Amazonii koncentrowały się na ekosystemach jodły pospolitej Terra, Várzea i Igapó następujących obszarów: 1) Terra jodłowe lasy (UF1, 03°01'-03°02'S, 60°14'-60°16'W) oraz 2) lasy Igapó (WF, 03°00'-03°01'S, 60°09'-60°10'W), oba w dorzeczu rzeki Negro, i znajduje się w Rezerwacie Zrównoważonego Rozwoju Tupé - SDR Tupé na lewym brzegu rzeki Negro, położonym około 25 km prosto od miasta Manaus (stan Amazonas, Brazylia), na średniej wysokości 20 m n.p.m., o łącznej powierzchni 11 973 ha; 3) Las jodłowy Terra (UF2, 03°48'-03°49'S, 60°19'-60°20'W) i 4) Las dorzecza Solimões (LF, 03°09'-03°11'S, 59°54'-59°55'W), oba w dorzeczu Amazonki (zachodnia Amazonia); i 5) Terasowy las jodłowy (UF3, 06°04'-06°05'S, 49°55'-49°56'W) od południowo-środkowej części stanu Pará, w południowej części Amazonii (rys. 4.3 i 4.4).

Tropical Dense Forest lub Terra Firme Forest (UF), określany również jako nienasycony las wyżynny, zajmuje ponad 65% powierzchni

Amazonii i charakteryzuje się dużym bogactwem gatunkowym i różnorodnością (GUILLAUMET, 1987), z przewagą lasów wysokich o dużej (gęstej) biomasie, rozciągających się na dużych powierzchniach płaskowyżu amazońskiego, krystalicznych muszlach i tarasach plejstoceńskich. UF jest utworzona przez złożoną mozaikę i obejmuje kilka typów roślinności, które różnią się w zależności od topografii, położenia geograficznego, geologii, klimatu, itp., w tym lasy liany, las bambusowy, lasy górskie, las chmurowy i campinarana. Dominujące gatunki wśród wysokich drzew należą do rodzin Leguminosae, Lecythidaceae i Sapotaceae.

Skład gleby jest bardzo zróżnicowany, a w UF1 i UF3 gleba składa się z materiału piaszczystego i kaolinitowego, o niskiej żyzności, natomiast w UF2 najlepiej piaszczysto-gliniastego (rysunek 4.5). Gleby płaskowyżu Terra firme odpowiadają żółtemu Latosolowi, od alicowego do dystroficznego, o strukturze silnie gliniastej, bardzo kwaśnej, o wysokiej zawartości glinu i niskiej kationowymiennej pojemności (CEC), zgodnie z badaniami opracowanymi przez CHAUVEL (1982). Z drugiej strony lasy zalewowe składają się z dynamicznych struktur roślinnych (trawy, krzewy i drzewa) w fazie wyraźnej sukcesji. Występują one na obszarach aluwialnych z osadami czwartorzędowymi i okresowymi powodziami. Lasy zalewowe mają cechy strukturalne i florystyczne dość odmienne od lasu jodłowego Terra, ze względu na różnice geomorfologiczne i hydrologiczne, takie jak zróżnicowanie poziomu rzek, czas trwania okresu zalewowego itp. Las Igapó (WF), typowy las zalewowy, składa się z zalanej roślinności, znajdującej się na obszarze zalewowym rzeki Murzyn i innych rzek o czarnych lub czystych wodach. W igapó las jest zalewany niemalże na stałe, choć rządzi się nim również cykl hydrologiczny. Woda zasilająca igapó pochodzi częściowo z niskoenergetycznych strumieni leśnych. Uderzającą cechą igapó jest obecność kwaśnej wody (pH <4,5) o ciemnym kolorze wina, dzięki obecności kwasów humusowych wymywanych z deszczu. Gleby są typu hydromorficznego (rysunek 4.5), o wysokim stężeniu materiału humusowego. Puszcza Várzea (LF) stanowi złożony system licznych wysp, grobli, kanałów, jezior, dziur, paranoi itp., które stale zmieniają się w zależności od kształtu i wielkości ze względu na cykle hydrologiczne, pluwiometryczne i sedymentacyjne. Wazea jest jednym z najbogatszych ekosystemów w Amazonii pod względem produktywności biologicznej, różnorodności biologicznej i zasobów naturalnych. Roślinność składa się z lasów zalewowych i makrofitów w jeziorach i paranás, które stanowią pożywienie i schronienie dla życia wodnego i lądowego. Symbolem drzewa na obszarze zalewowym jest sumaúma, która osiąga wysokość do 50 m i średnicę powyżej 2 m, a gleby są w przeważającej mierze piaszczysto-gliniaste (Rysunek 4.5).

Pomimo ogromnej i zróżnicowanej rozbudowy lasów i lasów, przeplatanych rzekami i jeziorami, nadal możliwe jest określenie wzorca charakterystyki morfologicznej gleb badanego regionu. Cechy te są opisane na podstawie przejścia między poziomami lub warstwami oraz zakresu ich rozgraniczenia, zgodnie z IBGE (2007), i są określane na podstawie ich ostrości lub kontrastu, grubości i topografii regionu. Jeśli chodzi o ostrość lub kontrast i miąższość, przejście pomiędzy poziomami badanych gleb, szczególnie na obszarach jodłowych Terra, zostało sklasyfikowane według obserwacji lokalnych jako: stopniowe, gdy zasięg oddzielający wynosił od 7,5 do 12,5 cm; oraz rozproszone, gdy zasięg oddzielający był wyraźnie większy niż 12,5 cm. Jeśli chodzi o topografię, przejście sklasyfikowano jako: płaskie lub poziome, z wzorami oddzielającymi poziom, równoległymi do powierzchni gleby; oraz z falistymi lub sinusoidalnymi różnicami w odcinkach, gdzie pas oddzielający jest sinusoidalny, przy czym szczeliny są szersze niż głębokie, w stosunku do płaszczyzny poziomej. Dominującą formacją geologiczną, zwłaszcza w zachodniej i środkowej Amazonii, jest formacja Alter-do-Chão, z górnej kredy (RANZANI, 1980). Tabela 4.2 podsumowuje rodzaje gleb, z których pobierane są próbki w regionie Amazonii, zgodnie z Brazylijskim Systemem Klasyfikacji Gleb (SIBCS) oraz ich odpowiednimi aktualizacjami przez EMBRAPA (1999, 2005) i SANTOS *et al.* (2011).

Tabela 4.2: Klasyfikacja gleb objętych próbą w amazońskich lasach deszczowych zgodnie z klasyfikacją uaktualnioną przez SANTOS *i in.*

Gleba	Klasa
Dystroficzny Żółty Latosol	LAd1
Dystroficzny żółty Latosol + Haplicowy Dystroficzny Plinthsol lub + Betonowy Patellar Plinthsol	LAd7 + LAd10
Haplic Dystrofic Plinthsol + Dystrofic Red-Yellow Argisol	FXd4
Alitic Red Argisol + Haplic Dystrophic Plinthsol + Dystrophic Yellow Latosol	PVal5
Haplic Gleysol Ta Eutrophic + Haplic Gleysol Ta Dystrophic + Fluvic Neosol Ta Eutrophic	GXve4 + RYve

Czerwono-żółte Argizole (PVA) składają się z materiału mineralnego z gliną o niskiej aktywności i Textural Horizon B bezpośrednio pod Horizon A lub E. Mają strukturę od średniej do piaszczystej, z reliefem od gładkiej do pofałdowanej; barwa 5YR w większości z pierwszych 100 cm Horizon B (EMBRAPA, 1999, 2005; IBGE, 2007).

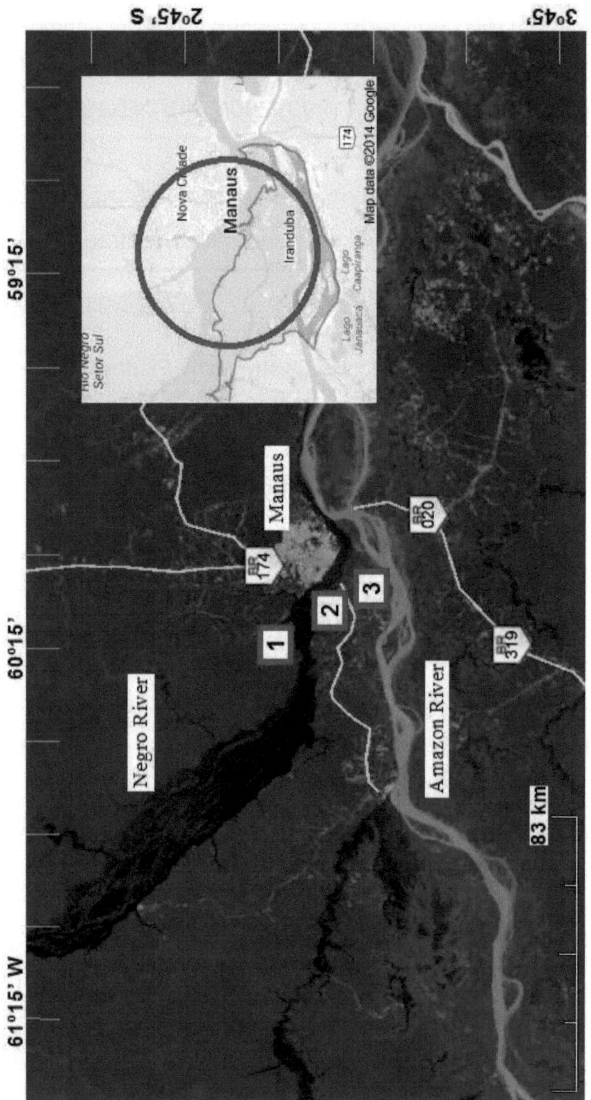

Rysunek 4.3: Obszary pobierania próbek gleby w regionie Amazonii w górnym biegu rzeki Negro i Amazonii. 1) Igapó; 2) gęsty las jodły i łąki Terra; 3) Várzea (teren zalewowy).

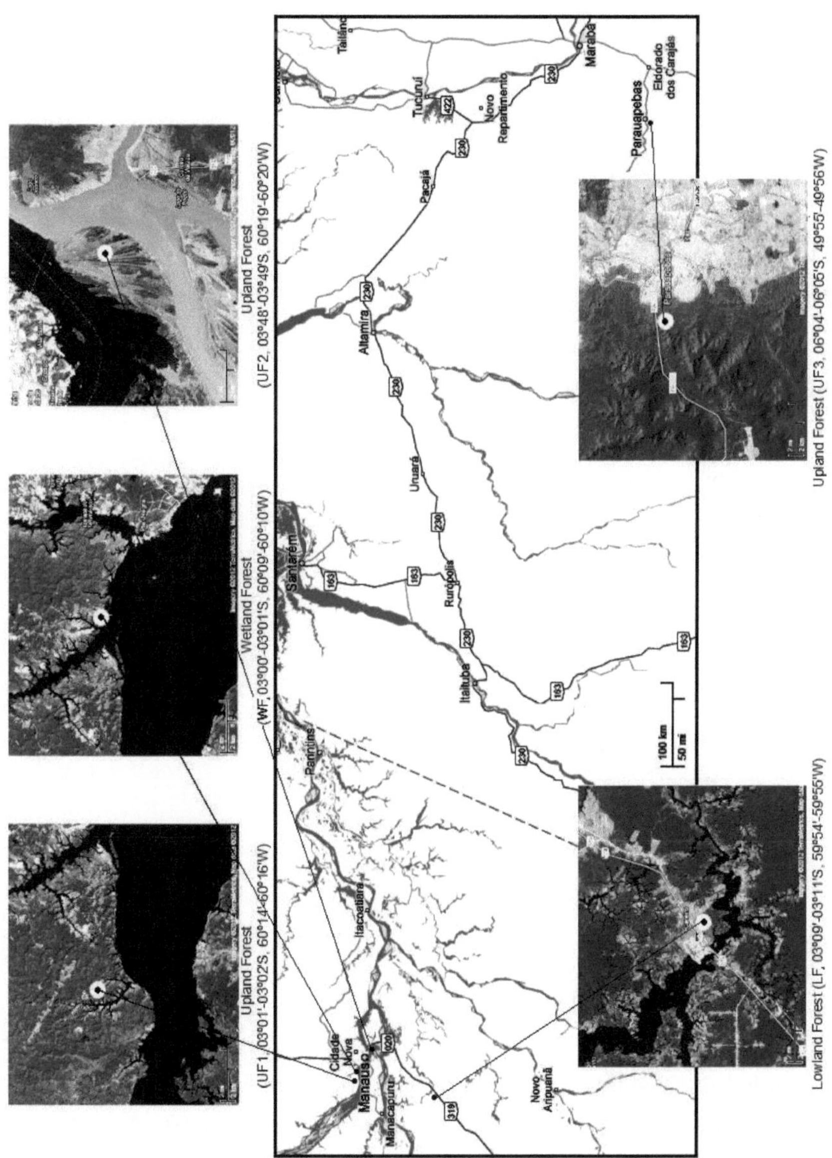

Rysunek 4.4: Obszary pobierania próbek gleby w regionie Amazonii (Amazonas i Pará), reprezentujące gleby tropikalne głównych ekosystemów Amazonii.

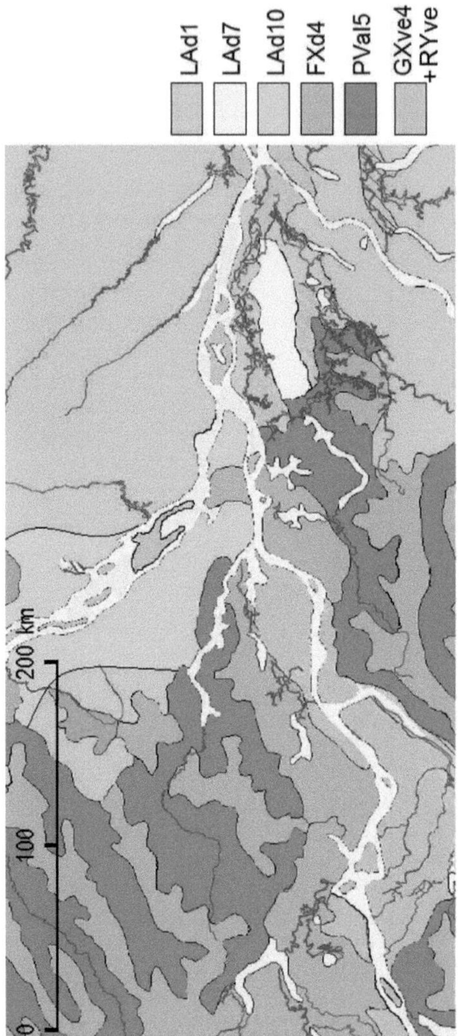

Rysunek 4.5: Klasyfikacja gleb, z których pobierane są próbki w regionie Amazonii, zgodnie z Brazylijskim Systemem Klasyfikacji Gleb (SiBCS).

5. MATERIAŁY I METODY

5.1 Miejsca i częstotliwość pobierania próbek

Dążąc do ustanowienia protokołu badań w celu określenia najlepszej metody analitycznej analizy zdolności kationowymiennej w glebach tropikalnych, staraliśmy się pobrać próbki bardzo różnych gleb z punktu widzenia tekstury, porowatości, stężenia OM oraz frakcji piaskowo-gliniastych. Próbki do badań pobrano w 25 lokalizacjach w Lasie Deszczowym Atlantyku i 12 lokalizacjach w Lasie Deszczowym Amazonii. W każdym z tych miejsc pobrano próbki na każdym metrze od powierzchni do głębokości pięciu metrów (łącznie 6 głębokości - od 0 do 5 m). Wybrano miejsca, które nie zostały zmienione przez obecność dróg i szlaków lub przez powódź. Z każdego miejsca pobrano dwie podpróby do testu porównującego przyjęte metody. Łącznie zebrano 144 podpróby dla gleb Lasu Deszczowego Amazonii (12 lokalizacji x 6 głębokości x 2 podpróby) oraz 300 podprób dla gleb Lasu Deszczowego Atlantyku (25 lokalizacji x 6 głębokości x 2 podpróby).

5.2 Gromadzenie i przechowywanie

Zbiory były prowadzone w latach 1992, 1993, 2002, 2003, 2010 i 2012 w obu dużych obszarach badań, zawsze z pomocą GPS. Cała zebrana gleba była natychmiast umieszczana do suszenia w piecu obiegowym w temperaturze 50 °C ± 5 °C i przechodzić przez sito o wielkości oczek 2 mm przed zastosowaniem procedur analitycznych.

5.3 Nowa klasyfikacja gleb

Pierwotnie propozycja tej pracy powstała w latach 1992-1993, kiedy do klasyfikacji gleb nadal stosowano inne nomenklatury. W okresie od 1999 do 2006 r. zmiany pojęciowe i restrukturyzacje nastąpiły praktycznie we wszystkich porządkach brazylijskiego systemu klasyfikacji gleb. Klasyfikacja Brazylijskiego Systemu Klasyfikacji Gleb (SIBCS) oraz jej odpowiednie aktualizacje przez EMBRAPA (1999, 2005) i SANTOS *et al.* (2011), które z kolei zostały włączone do niniejszej aktualizacji danych. W celu uzyskania ogólnej wiedzy na temat restrukturyzacji klas, zmiany obejmowały zmiany na poziomie Zamówień, Podporządków i Dużej Grupy, a także wyłączenia i dodawanie nowych podgrup. Najistotniejsze zmiany dotyczyły wygasania Alizoli Porządkowych, restrukturyzacji Argizoli i Nitozoli (włączenie części wygasłych Alizoli i włączenie Argizoli Bruno-Grey), włączenia Alitics i Aluminics do Rządów Argizoli, Nitozoli, Kambizoli, Planozoli i Gleizoli. Wykluczono kamizole histyczne oraz włączono kamizole fluwowe. Inne zmiany polegały na zmianie w nomenklaturze podrzędnych rubryk Spodozoli, które zostały nazwane: Humiluvics, Ferriluvics i Ferrihumiluvics. Do zakonu Nitozoli włączono Nitozole Brytyjskie oraz część wymarłych Alisoli. W Organozolach wykluczono Meziki, a w Planozolach Hydromoryki. W Zakonie Luvisoli wykluczono hipochromyki, które stały się replikowanymi Haplopami i Plinthsolami, z włączeniem dużych grup litoplintowych i betonowych.

Tabela 5.1: Kolejność klas gleb analizowanych na badanych obszarach. Źródło: IBGE (2007).

LATOSSOLO		
Subordem	Grande Grupo	Símbolo
BRUNO	Acriférrico	LBwf
	Ácrico	LBw
	Aluminoférrico	LBaf
	Alumínico	LBa
	Distroférrico	LBdf
	Distrófico	LBd
AMARELO	Acriférrico	LAwf
	Ácrico	LAw
	Alumínico	LAa
	Distroférrico	LAdf
	Distrocoeso	LAdx
	Distrófico	LAd
	Eutrófico	LAe
VERMELHO	Perférrico	LVj
	Acriférrico	LVwf
	Ácrico	LVw
	Aluminoférrico	LVaf
	Distroférrico	LVdf
	Distrófico	LVd
	Eutroférrico	LVef
	Eutrófico	LVe
VERMELHO-AMARELO	Acriférrico	LVAwf
	Ácrico	LVAw
	Alumínico	LVAa
	Distroférrico	LVAdf
	Distrófico	LVAd
	Eutrófico	LVAe
ORGANOSSOLO		
TIOMÓRFICO	Fíbrico	OJfi
	Hêmico	OJy
	Sáprico	OJs
FÓLICO	Fíbrico	OOfi
	Hêmico	OOy
	Sáprico	OOs
HÁPLICO	Fíbrico	OXfi
	Hêmico	OXy
	Sáprico	OXs
GLEISSOLO		
TIOMÓRFICO	Húmico	GJh
	Órtico	GJo
SÁLICO	Sódico	GZn
	Órtico	GZo
MELÂNICO	Carbonático	GMk
	Alítico	GMal
	Alumínico	GMa
	Ta Distrófico	GMvd
	Ta Eutrófico	GMve
	Tb Distrófico	GMbd
	Tb Eutrófico	GMbe
HÁPLICO	Carbonático	GXk
	Alítico	Gxal
	Alumínico	GXa
	Ta Distrófico	GXvd
	Ta Eutrófico	GXve
	Tb Distrófico	GXbd
	Tb Eutrófico	GXbe

NEOSSOLO		
Subordem	Grande Grupo	Símbolo
LITÓLICO	Hístico	RLi
	Húmico	RLh
	Carbonático	RLk
	Chernossólico	RLm
	Distro-úmbrico	RLdh
	Distrófico	RLd
	Eutro-úmbrico	RLeh
	Eutrófico	RLe
FLÚVICO	Carbonático	RYk
	Sódico	RYn
	Sálico	RYz
	Psamítico	RYq
	Ta Eutrófico	RYve
	Tb Distrófico	RYbd
	Tb Eutrófico	RYbe
REGOLÍTICO	Húmico	RRh
	Distro-úmbrico	RRdh
	Distrófico	RRd
	Eutro-úmbrico	RReh
	Eutrófico	RRe
QUARTZARÊNICO	Hidromórfico	RQg
	Órtico	RQo
PLINTOSSOLO		
PÉTRICO	Litoplíntico	FFlf
	Concrecionário	FFc
ARGILÚVICO	Alítico	FTal
	Alumínico	FTa
	Distrófico	FTd
	Eutrófico	FTe
HÁPLICO	Alítico	FXal
	Alumínico	FXa
	Ácrico	FXw
	Distrófico	FXd
	Eutrófico	FXe
ARGISSOLO		
BRUNO-ACINZENTADO	Alítico	PBACal
ACINZENTADO	Distrocoeso	PACdx
	Distrófico	PACd
	Eutrófico	PACe
AMARELO	Alítico	PAal
	Alumínico	PAa
	Distrocoeso	PAdx
	Distrófico	PAd
	Eutrocoeso	PAex
	Eutrófico	PAe
VERMELHO	Alítico	PVal
	Alumínico	PVa
	Ta Distrófico	PVvd
	Distrófico	PVd
	Eutroférrico	PVef
	Eutrófico	PVe
VERMELHO-AMARELO	Alítico	PVAal
	Alumínico	PVAa
	Ta Distrófico	PVAvd
	Distrófico	PVAd
	Eutrófico	PVAe

5.4 Analiza tekstury

Schematy rozmieszczenia klas teksturowanych gleb badanych w zachodniej i atlantyckiej części lasu deszczowego wewnątrz (kontynentalnej) zostały opracowane za pomocą wykresu trójkątnego Sheparda (SHEPARD, 1954), a wyniki zostały wyrażone w postaci wykresów.

5.5 Analiza granulometryczna

Próbki gleb suszono w temperaturze 405 °C przez 48 godzin, a następnie rozdrabniano, sproszkowano, homogenizowano i frakcjonowano, a następnie ważono i przesiewano do analizy metodą przesiewania frakcyjnego, pipetowania i analizatora cząstek, wszystko w oparciu o procedury techniczne opisane przez EMBRAPA (1987), ROBERTSON *et al.* (1999) i DONAGEMA *et al.* (2011). Wyniki analizy granulometrycznej zinterpretowano zgodnie z klasyfikacją klas teksturalnych, porównując klasyfikację opisaną przez PEDROSO NETO & COSTA (2012) z EPAMIG - Agricultural Research Company of Minas Gerais (tabela 5.2), oraz klasyfikację gleb EMBRAPA (1987) (tabela 5.3).

5.5.1. Badania przesiewowe ułamkowe

Do klasycznej metody przesiewania frakcjonowanego dodano 100 g gleby uprzednio wysuszonej i sproszkowanej do serii Tyler z otworami oczek 2; 1; 0,5; 0,21; 0,125 i 0,053 mm, początkowo sugerowanej przez KILMER & ALEXANDER (1949), z połączonym mechanicznym mieszaniem. Przedstawiona w tabeli 5.3 klasyfikacja granulometryczna dokonuje syntezy klas teksturalnych gleb. Technika ta jest szeroko stosowana szczególnie w przypadku gleb piaszczystych, ponieważ jest łatwa i szybka w obsłudze, a w tych przypadkach nie obserwuje się dużych strat. W celu określenia udziału procentowego bardzo drobnych frakcji piaskowych, bez wpływu frakcji ilastych i ilastych (ϕ <0,053 mm), zastosowano procedurę przesiewania na mokro ze środkiem dyspergującym (opisaną szczegółowo w **punkcie 5.5.2)**. Zasadniczo płukanie prowadzone było pod bieżącą wodą, tak aby przy zwilżaniu próbki mniejsze cząstki dodawane do piasku były uwalniane i eliminowane strumieniem wody. Przesiane gleby przenoszono do porcelanowych kapsułek i zabierano do suszarni w temperaturze 110 °C. Po wysuszeniu każda frakcja jest ważona, przyjmując, że suma wszystkich frakcji piasku jest całkowitą frakcją piasku (równanie 5.1), a różnica dla próbki początkowej jest równa zawartości mułu i gliny. Pomimo praktycznego zastosowania, technika ta nie jest wskazana dla gleb mułowo-gliniastych i gliniasto-piaszczystych, ani dla próbek gleb bogatych w substancje organiczne, ponieważ straty przez początkowe i końcowe różnice masy są znaczne.

Tabela 5.2: Interpretacja klas teksturalnych gleby w funkcji analizy granulometrycznej. Źródło: PEDROSO NETO & COSTA (2012).

Glina (%)	Muł (%)	Piasek (%)	Klasa
60 – 100	0 – 40	0 – 40	Bardzo gliniasty
40 – 60	0 – 40	0 – 55	Glina
35 – 55	0 – 20	45 – 65	Clay-sandy
40 – 60	40 – 60	0 – 20	Gliniarnia
20 – 35	0 – 28	45 – 80	Mułowo-piaszczysta glina
27 – 40	60 – 72	20 – 45	Mułowo-gliniaste
27 – 40	60 – 72	0 – 20	Glinka mułowo-słojowa
8 – 28	27 – 50	22 – 52	Muł
0 – 20	0 – 50	42 – 80	Piasek mułowy
0 – 28	50 – 80	20 – 50	Silt-silty
0 – 12	80 – 100	0 – 20	Muł
0 – 15	0 – 30	70 – 100	Sandy-silt

0 – 10	0 – 15	85 – 100	Sandy

$$Total\ sand\ (\%) = \sum_{1}^{5} Sand\ fraction\ (\%) = 100 - [silt + clay] \quad \text{(Eq. 5.1)}$$

Tabela 5.3: Klasyfikacja sitowa przyjęta dla badanych gleb.

Wielkość (mm)	Dorsz ABNT.	Dorsz TYLER.	Klasyfikacja	
2.0 – 1.0	10	9	Bardzo gruboziarnisty piasek	VCS
1.0 – 0.5	18	16	Piasek gruboziarnisty	CS
0.50 – 0.21	35	32	Piasek średnioziarnisty	MS
0.210 – 0.125	70	65	Drobny piasek	FS
0.125 – 0.053	120	115	Bardzo drobny piasek	VFS
0.053 – 0.032	270	270	Gruby muł	CSi
0.032 – 0.016			Muł średni	MSi
0.016 – 0.008			Drobny muł	FSi
0.008 – 0.004			Bardzo drobny muł	VFSi
<0.004			Glina	Cy

5.5.2 Metoda pipetowa

Jest to metoda, która odnosi się do grawitacyjnego spadku cząstek, które składają się na glebę w funkcji czasu. W tym celu określa się czas pionowego przemieszczenia (opadania) zawieszonej w wodzie gleby, zawierającej dyspergator chemiczny, którym może być wodorotlenek sodu lub heksametafosforan sodu (TYNER, 1963). Do zlewki o pojemności 250 ml dodano 20 g suchej masy gleby; 100 ml wody destylowanej i 10 ml normalnego roztworu heksametafosforanu sodu, buforowanego węglanem sodu. Mieszaninę potrząsano szklanym patyczkiem i pozostawiano na 12 godzin, uważając, aby próbki były przykryte szkiełkiem zegarkowym. Następnie zawartość zlewki przeniesiono do mieszadła elektrycznego, uzupełniając objętość do 300 mL. Mieszaninę mieszano przez 10 minut. Zawartość przepuszczano przez sito o średnicy 20 cm i oczkach 0,053 mm (Tyler # 270), umieszczając je na lejku ze zlewką o pojemności 1000 mL. Materiał zatrzymany w sicie kilkakrotnie płukano, a objętość zlewki uzupełniano za pomocą pleksiglasu. Mieszaninę zatrzymaną w zlewce mieszano ponownie prętem szklanym, a po czasie osadzania się frakcji ilastej oznaczano do głębokości 5 cm. Za pomocą dyspergatora przygotowano próbę ślepą (glebową) oraz zmierzono czas i temperaturę sedymentacji mieszaniny. Wyniki porównano z wynikami przedstawionymi w tabelach sedymentacyjnych (tabela 5.4). Zawiesinę zebrano pipetą o pojemności 50 mL i umieszczono w porcelanowej kapsule oraz zabrano do suszenia w piecu w temperaturze 110°C. Po wysuszeniu materiał zważono na precyzyjnej skali (0,0001 g). Gleba zatrzymana na sicie o oczkach 0,053 mm została również zabrana do szklarni i wysuszona. Następnie glebę przepuszczono przez sito o średnicy 20 cm i siatkę 0,2 mm (Tyler # 65) umieszczoną na dnie ślepym i oddzielnie zważono. Obliczenia zostały określone dla wyników w g/kg z poniższych równań.

$$T_C = [(M_C + M_D) - M_D]\, x\, 1000 \quad \text{(Np. 5.2)}$$

$$T_{FS} = (M_{FS})\, x\, 50 \quad \text{(Eq. 5.3)}$$

$$T_{CS} = (M_{CS} - M_{FS})\, x\, 50 \quad \text{(Eq. 5.4)}$$

$$T_S = 1000 - (T_C + T_{FS} + T_{CS}) \quad \text{(Eq. 5.5)}$$

Gdzie: TC= Glina ogółem; MD = masa metafosforanu sodu; TFS= Piasek ogółem drobny; TCS= Piasek ogółem; TS= Muł ogółem.

Testy potwierdziły analizę RICHARDS (1954), że w przypadku gleb wapiennych konieczna jest obróbka wstępna polegająca na dodaniu 10% roztworu kwasu solnego (HCl) i potrząsaniu próbki szklaną bagietką, dzięki czemu w wyniku kontaktu kwasu z węglanem może nastąpić musowanie próbki. Gleby humusowe bogate w OM muszą być wstępnie poddane działaniu silnego utleniacza, zaleca się stosowanie nadtlenku wodoru (H2O2), a w niektórych przypadkach wcześniejsze poddanie działaniu sulfochromiku [KCr2O7.H2SO4]. Analiza granulometryczna gleb solankowych przebiega w sposób prawidłowy. Jednak do dalszej analizy, jako oznaczenie pierwiastków śladowych, konieczne jest wstępne poddanie gleb działaniu czynnika chelatującego, w tym przypadku siarczanu srebra, który będzie działał z nadmiarem chlorku w próbce, jak opisano w APRILE (2012) w analizach osadów morskich.

Tabela 5.4: Temperatura a czas sedymentacji drobnej gliny (ϕ <0,002 mm) w zawiesinie wodnej do głębokości 5 cm. Źródło: DONAGEMA *et al.* (2011)*.

°C	**Czas**	**°C**	**Czas**
10	5h11'	24	3h38'
13	4h47'	25	3h33'
15	4h33'	26	3h28'
18	4h12'	28	3h19'
20	4h00'	30	3h10'
22	3h48'	32	3h03'

* Dane oparte na prawie Stokesa i uwzględniające gęstość cząsteczek równą 2,65 g/cm3.

5.5.3 Analiza cząstek stałych

W celu porównania wyników, analizę wielkości cząstek przeprowadzono metodą automatyczną za pomocą laserowego analizatora cząstek. Procedury przygotowania próbek były zgodne z zaleceniami SUGUIO (1973) zmodyfikowanymi przez MAHIQUES (1987), uzyskując na podstawie wyników częstotliwości klas granulometrycznych. W przypadku obu metod analizy granulometrycznej nie wyeliminowano wcześniej biodetrytycznego węglanu próbek. Wyniki porównano statystycznie w celu określenia wiarygodności każdej z metod.

5.6 Bioprzyswajalna zawartość węgla (BC)

Bioprzyswajalny węglan jest uważany za jedną z frakcji najłatwiej uwalnianego węgla organicznego, po całkowitym dwutlenku węgla (CO_2) z rozkładu, i jest najłatwiej dostępną frakcją organiczną. Jest to bardzo ważny sposób jako wstępne źródło energii dla rozkładających się organizmów oraz fauny i flory dennej, właśnie ze względu na ich szybką dostępność. Biodetrytyczny węglan został oznaczony na podstawie łagodnego, kwasowego ataku próbek rozcieńczonym kwasem solnym. W zlewce o pojemności 100 mL dodano 1.0000 g suchej gleby z 20 mL 10% roztworem HCl, pozostawiając go na około 24 godziny. Następnie próbki były destylowane wodą i pakowane w specjalne fiolki w celu dalszego wirowania nierozpuszczalnego materiału przez dziesięć minut. Ostatecznie supernatant odrzucono, a próbkę wysuszono w piecu w temperaturze 550 °C, aż do uzyskania stałej masy.

Próby suszenia materiału bez użycia wirówki wykazały, że podczas procesu mycia wystąpiły straty próbek. Straty próbek występowały również podczas próby bezpośredniego suszenia zlewki w gorącej płycie. Z drugiej strony próby suszenia w temperaturze 50±5 °C w gorącej płycie otoczonej drobnym piaskiem okazały się dość skuteczne i mogły bez strat zastąpić proces suszenia w szklarni. Za pomocą metody ekstrakcji kwasem wyeliminowano cały węglan obecny w próbce, a zawartość węglanu wapnia określono na podstawie różnicy między masą początkową a końcową (równanie 5.6).

$$BC\ (\%) = (1 - M_F)\ x100 \qquad \text{(Np. 5.6)}$$

5.7 Zawartość materii organicznej (OM)

Eliminację cementu organicznego uzyskano metodą silnego utleniania nadtlenkiem wodoru (H2O2) w środowisku lekko kwaśnym, zgodnie z zaleceniami JACKSON'a (1960) i ROBERTSON'a *et al.* (1999). Do zlewki o pojemności 100 ml dodano 10 g suchej gleby (ϕ= 0,125 mm) i 40 mL H2O2 (30%), a następnie ogrzano do 100 °C. Nowy dodatek H2O2 dodawano do próbki aż do momentu, gdy w zetknięciu z nadtlenkiem nie pojawiły się już musztardy, co wskazuje, że cały OM został utleniony. Następnie próbki umieszczono w piecu do suszenia w temperaturze 550 °C. Przed umieszczeniem w piecu należy umyć ściany zlewki wodą destylowaną, aby zapobiec utracie ziemi, która ostatecznie przylegała do szklanych ścianek. Ilość OM obliczono na podstawie różnicy masy materiału przed i po utlenieniu (równanie 5.7).

$$OM\ (\%) = (10 - M_F)\ x\ 100 \qquad \text{(Eq. 5.7)}$$

Testy suszenia na przesianym drobnym piasku dały bardzo zadowalające wyniki w zakresie analizy zawartości OM. W odniesieniu do czasu trawienia, może się on różnić w zależności od ilości MG obecnego w próbce. Ogólnie rzecz biorąc, żadna próbka nie była całkowicie wolna od OM przed upływem 4 godzin ogrzewania. Gleby humusowe (Gley) i torfowe wykazują bardzo silną reakcję na utlenianie H2O2 w wysokich temperaturach, co może prowadzić do utraty próbki i w konsekwencji do błędów w obliczeniach. Sugeruje się więc, że w przypadku próbek bogatych w OM ogrzewanie odbywa się bardziej stopniowo, zawsze dodając do próbki wodę destylowaną, przemywając ściany zlewki. Oszacowania węgla organicznego dokonano poprzez zastosowanie współczynnika korygującego Kx, jak pokazano w równaniu 5.8.

$$[OM] = [OC]\ x\ k_X \qquad \text{(Np. 5.8)}$$

Gdzie: Kx= 1,8 dla NAVARRA *et al.* (1980); 1,9 MAHIQUES (1987) i 2,1 APRILE (2001).

5.7.1 Wydobywanie substancji organicznych (H2O2-NaOAc)

Do ekstrakcji OM z gleb humusowych do analizy CEC zmodyfikowano metodę opisaną przez JACKSONA (1956, 1960). W zlewce o pojemności 100 ml dodano 1 gram przesianej gleby (ϕ= 1 mm), 50 mL 1 N roztworu NaOAc (pH 5) i 1 kroplę 30% H2O2 (100 objętości). Mieszaninę podgrzewano do temperatury wrzenia przez 1 minutę, a następnie pozostawiano do schłodzenia i dekantacji na 2 godziny. Supernatant został następnie opróżniony za pomocą pompy wodnej. Dodano 1 mL roztworu H2O2 i przykryto zlewkę szkiełkiem zegarowym, pozostawiając ją na 4 godziny. Następnie zlewkę umieszczono na płycie grzewczej w temperaturze 100 °C w celu strawienia całego OM. Zabieg powtórzono, tym razem z 2 mL H2O2 (30%). Do mieszanki dodawano w sposób ciągły wodę destylowaną, zawsze pozwalając na odparowanie cieczy, nie dopuszczając do jej całkowitego wyschnięcia. Zlewka została schłodzona, a następnie dodano kilka kropli lodowatego kwasu octowego i 2 mL H2O2. Próbkę płukano trzykrotnie 1N roztworem NaOAc (pH 5), następnie 1N NaOAc (pH 7), a następnie wodą destylowaną, dodając kilka kropli roztworu CaOAc podczas pierwszego płukania, aby uniknąć rozproszenia gliny. Materiał suszono w piecu w temperaturze 40 °C. Następnie suszony materiał umieszczono w rurce perkolacyjnej i wykorzystano do oznaczenia CEC metodami opisanymi w pkt **5.10**. Po oznaczeniu CEC dodano 10 mL 0,5N HNO3 i 10 mL wody destylowanej w celu usunięcia nadmiaru octanu sodu. Materiał usunięto z probówki, oddzielając od siebie bibuły filtracyjne. Materiał wysuszono w temperaturze 40 °C i oznaczono zawartość OM.

5.8 Węgiel organiczny w postaci cząstek stałych (POC)

Węgiel organiczny, główny składnik materii organicznej w glebie, jest metodą stosowaną do oznaczania frakcji cząstek stałych (POC), pierwotnie opisaną przez GROSS (1971). W badaniu tym wprowadzono korekty, które miały polegać na oznaczaniu metodą spalania mokrego i gorącego z utleniaczem, a następnie miareczkowaniu nadmiaru.

Początkowo jako utleniacz dodawano znaną ilość roztworu sulfochromicznego [KCr2O7.H2SO4], a jako reduktor stosowano niewykorzystany nadmiar siarczanu Fe-NH4. Reakcja nastąpiła przy ogrzewaniu w gorącej płycie (≈ 80 °C), tak że utlenianie OM było całkowite. Na 2 g suchej próbki gleby dodano 40 mL dichromianu 1N i 40 mL kwasu siarkowego stężonego siarczanem srebra (3 g Ag2SO4 do 1000 mL H2SO4). Następnie próbki potrząsano szklaną bagietką przez 2 minuty, a następnie odstawiano na 30 minut. Następnie dodano 30 mL H3PO4 (85%), 0,4 g NaF i 100 mL wody destylowanej. Jako roztwór wskaźnikowy dla każdej próbki użyto 1 mL difenyloaminy. Miareczkowanie wykonano roztworem 0,5 N siarczanu amonu i żelaza. Siarczan srebra zastosowano w celu zmniejszenia interferencji jonów chlorkowych, które mogą występować w solankach lub lekko zasolonych glebach piaszczystych.

5.9 Określanie pH

pH w wodzie mierzono po dodaniu wapienia dolomitowego w proporcji 1 g wapienia na kg gleby. pH mierzono potencjometrycznie w zawiesinie glebowej: 1:2,5 roztworu w wodzie, 1 mol/L KCl i 0,01 mol/L CaCl2 o czasie kontaktu nie krótszym niż 1 godzina, zgodnie z zaleceniami DONAGEMY *i wsp.* (2011). Oznaczanie kwasowości ekstraktywnej roztworem 1 mol/L KCl wykonano w trzech egzemplarzach dla każdej próbki gleby i oznaczono ilościowo zgodnie z metodą opisaną przez EMBRAPA (1987), zaktualizowaną przez DONAGEMĘ *i wsp.* (2011). Do pomiaru kwasowości całkowitej użyto zbuforowanego roztworu octanu wapnia 1 mol/L o pH 7,0 w proporcji 1:15 i miareczkowano do kwasowości 0,025 mol/L NaOH. W przypadku ekstrakcji Al pH roztworu 1 mol/L KCl dostosowano do 5,0 przez dodanie 1 mol/L HCl, aby zapewnić, że ekstrakcje miały miejsce w odpowiednim środowisku i w powtarzalnych warunkach, eliminując zanieczyszczenia, które można znaleźć w tym odczynniku (CANTARELLA *i in.*, 1981). Oznaczanie pH metodą SMP pH zostało przeprowadzone zgodnie z procedurami analitycznymi opisanymi przez KAMINSKIEGO (1974), RAIJ'A i QUAGGIO (1983) oraz ERNANI'ego i ALMEIDĘ (1986). Korelację między wartością pH w $CaCl_2$ a nasyceniem podłoża glebowego ustalono na podstawie procedur opisanych przez CATANI & GALLO (1955).

5.10 Bilans jonowy

Sód (Na^+), potas (K^+), wapń (Ca^{2+}) i magnez (Mg^{2+}) z rodzin metali alkalicznych i ziem alkalicznych; chlorek (Cl^-) z halogenu; węglany (CO_3^{2-}) i wodorowęglany (HCO_3^-); azotany (NO_3^-) i siarczany (SO_4^{2-}) mają podstawowe znaczenie dla utrzymania lądowych i wodnych systemów troficznych, ponieważ aktywnie uczestniczą w reakcjach chemicznych, odpowiedzialnych za powstawanie kilku związków, a także są częścią metabolizmu (biochemii) zdecydowanej większości istot żywych.

Wybór lepszej soli do roztworu ekstrakcyjnego będzie zależał od analizowanych jonów. Jony ekstraktujące muszą skutecznie przenosić jony z gleby do roztworu ekstraktującego i nie powinny zakłócać późniejszej analizy analitycznej ekstrahowanego roztworu. Do całkowitej analizy kationowej przydatny jest NH_4OAc, ponieważ zarówno NH_4^+ jak i Ac ulatniają się, a tym samym nie gromadzą się na palnikach spektrometrycznych. $BaCl_2$ stanowi rozsądną, lecz kosztowną alternatywę dla jednoczesnej ekstrakcji zarówno K^+ jak i NH_4^+, podczas gdy NaCl będzie działać również dla większości jonów. Dla większości głównych kationów, takich jak NH4+, K+, Mg2+, Ca2+, Al3+ i aniony NO3-, SO42- każdy z tych ekstraktów będzie działał dobrze (ROBERTSON *i in.*, 1999). Do tego badania zastosowano protokoły ekstrakcji i analizy opisane przez JACKSON'a (1960), EMBRAPA (1987) oraz ROBERTSON'a *i in.* (1999). Dla jonów innych niż K+ i Cl- zastosowano 1 mol/L KCl (74,6 g/L), a dla K+ i jonów innych niż NH4+ 1 mol/L NH4OAc przy pH 7,0, dodając 77,1 g NH4OAc do 950 ml zdejonizowanej wody, dostosowując pH do 7,0 za pomocą kwasu octowego, a objętość do 1,0 L za pomocą zdejonizowanej wody.

10,0 g suchej i przesianej gleby (ϕ= 0,125 mm) umieszczono w zlewce 250 mL. Dodano 100 mL roztworu ekstrakcyjnego, a za pomocą patyczka szklanego energicznie mieszać mieszaninę przez 1 minutę. Następnie odstawiono mieszankę na 1 godzinę. Następnie usunięto 10 mL supernatantu do odpowiednich analiz. Za pomocą spektrometrii absorpcji atomowej oznaczono zawartość sodu (Na+), potasu (K+), wapnia (Ca2+) i magnezu (Mg2+). Chlorek (Cl-) oznaczono poprzez miareczkowanie azotanem rtęci przy użyciu wskaźnika mieszanego bromofenolu difenylokarbazonowo-niebieskiego w celu wykrycia punktu zwrotnego. Siarczan (SO42-) mierzono za pomocą chlorku baru i kwasu sodowo-etylenodiaminotetraoctowego (Na-EDTA) w środowisku kwaśnym. Azotan (N-NO3) oznaczano techniką spektrofotometryczną. Wolne i całkowite CO2 otrzymano poprzez miareczkowanie potencjometryczne NaOH w celu doprowadzenia próbki do pH 8,3, a HCl do pH 4,3. Zasadowość (HCO3-) wyznaczono na podstawie miareczkowania potencjometrycznego w analizie wolnego i całkowitego CO2, a węglany i wodorowęglany obliczono na podstawie wartości zasadowości. Wyniki przedstawiono na wykresie typu Piper. Wszystkie protokoły były zgodne z międzynarodowym programem analizy chemicznej gleby opisanym w JACKSON (1960), EMBRAPA (1987) i APHA/AWWA/WEF (2005).

5.11 Ustalenie CEC

Oznaczanie jonów wymiennych w osadach i glebach zależy od ekstrakcji tych jonów do znanego roztworu, który z kolei jest mierzony techniką miareczkowania lub kontroli pH z zastosowaniem roztworów kwasowo-zasadowych.

Do pomiaru CEC i kationów wymiennych zaproponowano różne metody. Najczęściej stosowane metody opierają się na wymianie kationów w glebie z roztworami o znanych stężeniach soli, które zawierają kationy nieobecne w glebie, oraz na wykrywaniu kationów za pomocą standardowych technik, takich jak absorpcja atomowa, spektrofotometria lub miareczkowanie (BERGAYA *i in.*, 2006). W badaniach tych przetestowano sześć metod analitycznych zdolności wymiany kationów (CEC) w glebach tropikalnych o różnej teksturze regionów lasów atlantyckich i amazońskich, z dużą zmiennością zawartości piasku, mułu, gliny i materii organicznej, przy różnym pH i przewodności elektrycznej.

Powszechnie obserwuje się stosowanie różnych jednostek do wyrażania wyników analitycznych CEC w różnych metodach analizy gleby. Wiele z tych jednostek jest pojęciowo starych lub niejednoznacznych. Historycznie rzecz biorąc, w 1960 r. w Paryżu zatwierdzono Système International d'Unités (SI), który był regulowany przez kilka międzynarodowych jednostek, w celu ujednolicenia jednostek przyjętych w różnych gałęziach nauki. Brazylia przyjęła System Międzynarodowy w 1980 r., a dziś jego regulacja należy do obowiązków Krajowego Instytutu Miar i Wag (INPM). Wciąż jednak możliwe jest znalezienie publikacji z różnymi jednostkami, co utrudnia ich porównywanie i interpretację. Najczęściej spotykanymi jednostkami wyrażającymi CKW w glebach są: meq/100 cm^3; meq/100g; ppm; cmolc/dm^3 lub cmolc/kg (centymetr ładunku na decymetr sześcienny lub na kg gleby); mmolc/dm³ lub mmolc/kg (milimole ładunku na decymetr sześcienny lub na kg gleby); meq/100g (milimetry na 100 gramów gleby) lub eq-mg/100g (miligramy na 100 gramów gleby) oraz meq/kg (milimetry na kg gleby). Na przykład w stanie São Paulo, gdzie pobrano część próbek gleby, większość wyników przedstawionych w badaniach naukowych jest nadal prezentowana w +mmolc/dm3 (milimol ładunku na decymetr sześcienny gleby) materiału suchego, jak opisano RAIJ *i in*. (1996), co wymaga dużej uwagi przy porównywaniu wyników. W tym badaniu wszystkie wyniki przeliczono na +cmolc/kg lub tylko cmolc/kg (centymol dodatniego ładunku na kg gleby), których proporcjonalność przedstawiono w tabeli 5.5.

Tabela 5.5: Współczynnik konwersji między starymi jednostkami a jednostkami SI stosowanymi w metodach analitycznych do określania CEC.

1 cmolc/kg= 1 cmolc/dm3	1 meq/kg= 1 mmolc/kg
0,5 kg/ha= 1 mg/dm3	1 meq/L= 1 mmolc/L
1 cmolc/kg= 1 mmolc/100 g	1 meq/100g= 1 cmolc/kg
1 cmolc/kg= 10 mmolc/kg	1 meq/100g= 1 meq/100 cm3
1 mmolc/100 g= 1 meq/100 g	1 meq/L= 10 cmolc/L
1 mmolc/100 g= 10 mmolc/kg	1 meq/100 g= 1 eq-mg/100 g
1 mmolc/dm³= 1 mmolc/kg	1 eq-g/100 g= 1 mol/100 g
1 mmolc/kg= 10 meq/100 g	1 mg/dm3= 0,1 cmolc/[M][akg]

[a] gdzie: [M]= masa molowa.

W celu porównania różnych metod oznaczania CEC stosowanych w tym badaniu, starano się ustalić standard kontroli pH dla stosowanych roztworów, rozumiejąc, że pH jest miarą uważaną za czynnik kontroli jakości wyników. Zgodnie z ROSS & KETTERINGS (2011), dla celów klasyfikacji gleby, CEC gleby jest często mierzone przy standardowej wartości pH. Przykładami są: metoda octanu amonu SCHOLLENBERGER & DREIBELBIS (1930), która jest buforowana przy pH 7; oraz metoda chlorku baru-trietanoloaminy MEHLICH (1938), która jest buforowana przy pH 8,2. Takie metody CEC mogą powodować, że wartości CEC w glebie przy jej polowym pH (efektywne CEC lub CECe) mogą być bardzo różne od CEC gleby, zwłaszcza w glebach kwaśnych o CEC zależnym od pH. Jeżeli konieczny jest pomiar CEC z buforowanym pH (np. do celów regulacyjnych lub klasyfikacji gleby), zalecaną procedurą jest pomiar octanu amonu buforowanego o pH 7. W celu porównania wyników CEC z metodami, które nie kontrolują pH, wyniki dostosowano do neutralnego pH (pH = 7,0), co umożliwiło przeprowadzenie analizy regresji liniowej między sześcioma badanymi metodami.

5.11.1 Metoda 1: Adsorpcja błękitu metylenowego

Błękit metylenowy jest barwnikiem organicznym i kationowym, a zgodnie z "Wskaźnikiem Merck'a" wykazuje skład C16H18N3SCl.3H2O, nazywany chlorowodorkiem metiltiaminy. Metoda adsorpcji błękitu metylenowego oparta jest na procedurze cytowanej przez PEJON (1992) i umożliwia zarówno oznaczanie CEC jak i powierzchni właściwej minerałów ilastych. Roztwór błękitu metylenowego przygotowywano w balonie, dodając 1,5 g barwnika do 1000 ml wody destylowanej, a następnie dokładnie wstrząsano w celu uzyskania jednorodnego roztworu, zgodnie z procedurą opisaną przez BEAULIEU (1979). Dwa gramy ziemi umieszczono w zlewce o pojemności 50 ml zawierającej 10 ml wody destylowanej i energicznie mieszano. Badanie metodologiczne rozpoczęto od dodania 0,5 ml roztworu błękitu metylenowego do zlewki zawierającej mieszaninę glebową. Po 3 minutach, za pomocą szklanego pręcika, usunięto kroplę zawiesiny i osadzono ją na bibule filtracyjnej Millipore. Gdy na bibule filtracyjnej pojawi się jasnoniebieska aureola wokół ciemnej plamy gleby, badanie jest zakończone. Obliczenia CEC uzyskano za pomocą równania 5,9 (CHEN, *i in.*, 1974; ZUQUETTE *i in.*, 1987).

$$CEC = \frac{V\,x\,C\,x100}{M} \quad \text{(Np. 5.9)}$$

Gdzie: CEC (+cmolc/kg); V oznacza objętość zużytego roztworu błękitu metylenowego (mL); C oznacza stężenie roztworu błękitu metylenowego (N), a M oznacza masę suchej gleby (kg).

5.11.2 Metoda 2: Błękit metylenowy z kontrolą pH

Do ustalenia CEC zastosowano Georgim Kaolin Ltd. Metoda, zgodnie z procedurami ustalonymi w Podręczniku Metod Analizy Gleb (EMBRAPA, 1987) oraz DONAGEMA *et al.* (2011), która pozwala na obliczenie zarówno zdolności kationowymiennej, jak i powierzchni właściwej. W kolbie Erlenmeyera o pojemności 500 mL odważono 0,5 g próbki gleby, do której dodano 300 mL zdejonizowanej wody. Roztwór był mechanicznie mieszany do uzyskania jednorodnej mieszaniny. W przypadku oksyzoli sugeruje się dodanie trzech kropli Na2CO3 o stężeniu 0,5 mol/l w celu zwiększenia homogeniczności. Następnie pH zawiesiny obniżono za pomocą mianowanego roztworu błękitu metylenowego (3,7 g/L) w stosunku 1:1 z mieszaniną. Po każdym dodaniu zawiesinę mieszano przez dwie minuty, a następnie umieszczano kroplę zawiesiny w bibule filtracyjnej Millipore. Zabieg ten kontynuowano do momentu pojawienia się jasnoniebieskiej aureoli wokół ciemnej plamy gleby na bibule filtracyjnej. Obliczenia CEC uzyskano za pomocą równania 5.10.

$$CEC = \frac{V\,x100}{M} \quad \text{(np. 5.10)}$$

Gdzie: CEC (cmolc/kg); V oznacza zużytą objętość błękitu metylenowego w meq; a M oznacza masę suchej próbki gleby w kg.

5.11.3 Metoda 3: Kwas octowy (Jackson)

Według JACKSONA (1960), CEC gleby można oszacować w obecności kwasu octowego, a zmianę ph mierzoną w celu określenia ilości H+ usuniętego z roztworu przez porównanie z krzywą kalibracyjną ph kwasu octowego. Początkowo przygotowano roztwór kwasu octowego o stężeniu 1 mol/l z wodą dejonizowaną i oznaczono jego ph. Następnie do zlewki o pojemności 50 mL z 25 mL kwasu octowego włożono 2,5 g gleby i mieszano przez 1 godzinę za pomocą wytrząsarki mechanicznej. Po wzburzeniu mieszaninę pozostawiono w stanie nienaruszonym do całkowitej sedymentacji cząstek gleby. Następnie tą samą mieszaniną odczytywano pH supernatantu, jednocześnie oznaczając pH roztworu kwasu octowego. Metodę tę można było stosować również w przypadku osadów. Obliczenia CEC uzyskano za pomocą równania 5.11 (JACKSON, 1960).

$$CEC = (pH\ observed - pH\ acetic\ acid)\,x\,22 \qquad \text{(np. 5.11)}$$

Gdzie: CEC (cmolc/kg).

5.11.4 Metoda 4: Octan amonu

Metoda octanu amonu opisana przez TRUTH (1956) *apud* APRILE & LORANDI (2012) jest metodą obliczeń bezpośrednich. W kolbie Erlenmeyera o pojemności 50 mL pobrano 2,5 g próbki gleby, do której dodano 25 mL 1N octanu amonu (pH 7,0) i pozostawiono bez zmian przez 5 minut. Następnie wykonano kolejne płukania z użyciem 25% alkoholu etylowego. Zachowany amoniak usunięto za pomocą 100 mL roztworu 1N NaCl plus 0,005 N HCl. pHmis mieszaniny oznaczano w mieszaninie gleba:woda:bufor (1,0:2,5:0,5). Stężenia H++Al3+ otrzymano z sumy zasad CEC przez 1N octanu amonu w pH 7,0. Jony Ca i Mg oznaczono metodą absorpcji atomowej, a jony Na i K w fotometrze płomieniowym, stosując procedury ekstrakcji jonów opisane w pkt **5.11.6.2**; **5.11.6.3**; 5.11.6.**4**; **5.11.6.5** i **5.11.6.6**.

W celu przygotowania 1 mol/l roztworu octanu amonu o pH 7,0, 58 ml lodowatego kwasu octowego należy przenieść do 3-litrowej zlewki zawierającej około 800 ml wody destylowanej i 70 ml stężonego wodorotlenku amonu. Wstrząsnąć i dodać wodę do około 1,5 litra. Doprowadzić roztwór do potencjometru i wyregulować, dodając kwas octowy lub wodorotlenek amonu do pH 7,0. Przenieść do 2-litrowej kolby kalibrowanej i uzupełnić do kreski (DANTAS, 1961; BLACK, 1965; JUO, 1978). Przygotowano liniową krzywą regresji pomiędzy pHmis a H++Al3+. Z wartościami H++Al3+ otrzymanymi za pomocą równania 5,12 oraz sumą zasad ekstrahowanych 0,05 N HNO3 obliczono wartości CEC za pomocą równań 5,13 i 5,14.

$$\log(H + Al) = 3.76 - 0.53 x pH_{mis} \quad \text{(Eq. 5.12)}$$

Gdzie: pHmis jest to pH relacji gleba:woda:bufor.

$$(H + Al) - (NH_4OA_c) = 1.126 x (H + Al) - 0.764 \quad \text{(Eq. 5.13)}$$

Gdzie: NH4OAc to objętość octanu amonu (mL).

$$CEC - (NH_4OA_c) = 1.155 x CEC - 1.253 \quad \text{(Np. 5.14)}$$

Gdzie: CEC (+cmolc/kg).

5.11.5 Metoda 5: Octan amonu (Chapman)

Jest to metoda obliczeń bezpośrednich CEC, zmodyfikowana przez CHAPMANA (1965), której zaletą jest to, że jest stosowana w kilku laboratoriach, i z tego powodu posiada wysoką bazę danych do porównania. Metoda ta może być łatwo i ekonomicznie wdrażana przez większość laboratoriów zajmujących się badaniem gleby. Najpierw należy dodać 25,0 g gleby do kolby Erlenmeyera o pojemności 500 mL. Dodać 125 mL 1 M octanu amonu (NH4OAc) i dokładnie wstrząsnąć i po pozostawieniu na noc. Zamontować lejek Buchnera 5,5 cm z bibułą filtracyjną retencyjną, zwilżyć bibułę, zastosować lekkie odsysanie i przenieść ziemię. Jeśli filtrat nie jest przezroczysty, przefiltrować ponownie przez glebę. Cztery razy delikatnie przemyć glebę 25 mL dodatkiem NH4OAc, pozwalając każdemu z nich przefiltrować, ale nie dopuszczając do pęknięcia lub wyschnięcia gleby. W razie potrzeby zastosować odsysanie, aby zapewnić powolne filtrowanie, i usunąć odciek, chyba że należy oznaczyć wymienne kationy. Następnie przemyć ziemię ośmioma osobnymi dodatkami 95% alkoholu etylowego w celu usunięcia nadmiaru roztworu nasycenia. Dodać tylko tyle, aby pokryć powierzchnię gleby i pozwolić każdemu z nich przefiltrować przed dodaniem kolejnych. Wyrzucić odciek i wyczyścić kolbę odbiorczą. Następnie wyekstrahować zaadsorbowany NH4, wymywając glebę ośmioma osobnymi 25 mL dodatkami 1 M KCl, wymywając powoli i całkowicie jak wyżej. Odrzucić ziemię i przenieść odciek do 250 ml objętościowo. Rozcieńczyć do pełnej objętości za pomocą dodatkowego KCl. Oznaczyć stężenie NH4-N w ekstrakcie KCl metodą destylacyjną lub kolorymetryczną. Do próby ślepej oznaczyć NH4-N w oryginalnym roztworze ekstrahującym KCl, dostosowując go do ewentualnego zanieczyszczenia NH4-N w tym odczynniku. Wartości CEC są obliczane za pomocą równań 5.15 i 5.16.

$$CEC = \frac{(NH_4 - N_{EX} - NH_4 - N_{BK})}{14} \qquad \text{(Np. 5.15)}$$

Gdzie: CEC (+cmolc/kg); NH4-N jest podany w mg N/L; NEX jest w wyciągu, a NBK jest w próbie.

$$CEC = \frac{(NH_4 - N_{EX} - NH_4 - N_{BK})}{18} \quad \text{(Eq. 5.16)}$$

Gdzie: CEC (+cmolc/kg); NH4-N jest podany w mg NH4/L; NEX jest w wyciągu, a $_{NBK}$ jest w próbie.

5.11.6 Metoda 6: Oszacowanie za pomocą badań agronomicznych gleby

Metoda oznaczania CEC za pomocą agronomicznych badań glebowych jest prostą i szybką sumą środków, lub różnicą między wartościami maksymalnymi i minimalnymi, zależną od SD, głównych jonów analizowanych oddzielnie metodami spektrometrycznymi i/lub kolorymetrycznymi. Jest to szacunek oparty na badaniu gleby umożliwiającym ekstrakcję Na, K, Ca, Mg i H oraz pewną szybką miarę kwasowości wymiennej i nie wymaga dodatkowych badań poza rutynowym badaniem gleby (Mehlich 3) i dlatego można go łatwo wykonać dla dużej liczby gleb bez dodatkowych kosztów analitycznych. Z masy atomowej każdego pierwiastka uzyskano odpowiednie równoważne masy (równanie 5.17). Jednakże wagi równoważne podaje się jako równoważniki-gram na gram, podczas gdy CEC podaje się w meq/100 g. Tak więc każdy równoważnik wagi musi być pomnożony przez dziesięć w celu przeliczenia na cmolc/kg (równanie 5.18).

$$EW = \frac{[A_i]}{eq_i^+} \quad \text{(Eq. 5.17)}$$

Gdzie: EW jest wagą równoważną (eq-g/g); A jest masą atomową; a eq+ jest liczbą walencyjną jonu.

$$CEC = \frac{meq}{100g} = \frac{eq-mg}{100g} = \frac{10^3 * eq-g}{100g} \Rightarrow CEC = \frac{10\ eq-g}{g}$$

$$but,\ EW = eq - g / g \therefore$$
$$CEC = 10\ EW \qquad \text{(Np. 5.18)}$$

5.11.6.1 Aluminium wymienne

Jest to ekstrakcja roztworem 1 mol/l KCl i oznaczenie objętościowe rozcieńczonym roztworem NaOH zgodnie z procedurami opisanymi przez EMBRAPA (1987) i DONAGEMA *et al.* (2011). W celu uzyskania lepszej korelacji pomiędzy Al3+ a sumą zasad (CECsum) wybrano jeden ekstraktor dla Ca2+, Mg2+ i Al3+, ponieważ suma zasad składa się zwykle z Ca2+ i Mg2+. Ponadto zastosowanie KCl zmniejsza rozpuszczalność węglanów, co umożliwia ich zastosowanie w glebach wapiennych. Odważyć 7,5 g suchej gleby i umieścić w 250 mL kolbie Erlenmeyera z 150 mL 1N roztworu KCl (74,6 g KCl w 1 litrze wody destylowanej). Mieszaninę energicznie wstrząsnąć szklaną pałeczką, a następnie pozostawić na 12 godzin do osadzenia się. Oznaczyć dwie podwielokrotności po 50 mL każda do późniejszej analizy jonów wymiennych.

W jednej z otrzymanych porcji 50 mL dodać trzy krople niebieskiego wskaźnika bromotymolu i miareczkować 0,025 N roztworu NaOH do trwałego zabarwienia niebiesko-zielonego. Stężenie ekstraktywnego Al uzyskuje się za pomocą równania 5.19. W przypadku gleb bogatych w OM bardziej wskazane jest oznaczanie spektrofotometryczne metodą absorpcji atomowej, ponieważ jony wodorowe zdysocjowane podczas ekstrakcji za pomocą KCl są również dozowane metodą objętościową.

$$[Al^{3+}] = V_{NaOH} \qquad \text{(Eq. 5.19)}$$

Gdzie: [Al3+] (cmolc/kg); objętość zużyta w mL 0,025 N NaOH.

5.11.6.2 Wapń i magnez wymienialne

Zgodnie z tymi samymi protokołami z poprzedniej pozycji, ekstrakcję Ca2+ + Mg2+ przeprowadzono przy użyciu roztworu 1 mol/L KCl, a określenie kompleksu wykonuje się na podstawie zużytej objętości EDTA (równanie 5.20). W aparacie Erlenmeyera, gdzie wykonano miareczkowanie wymiennego Al3+ (poz. **5.11.6.1**), dodać kroplę wody bromowej i wymieszać ze szklanym patyczkiem w celu zniszczenia błękitu bromotymolowego. Następnie dodać 6,5 mL buforu koktajlowego i cztery krople wskaźnika czerni eriochromowej i natychmiast miareczkować roztworem 0,0125 M EDTA do punktu zwrotnego purpurowo-czerwonego koloru na czysty błękit lub zielonkawy. Przy tym miareczkowaniu jony Ca2+ + Mg2+ są wspólnie oznaczane. W przypadku "buforu koktajlowego" 67,5 g NH4Cl musi zostać rozpuszczone w 200 ml wody i umieszczone w 1-litrowej kolbie miarowej. Dodać 600 mL stężonego NH4OH, 0,616 g MgSO4 .7H2O i 0,930 g EDTA, soli disodowej. Dobrze wstrząsnąć do rozpuszczenia i uzupełnić do pełnej objętości kolby. Zmieszać 300 mL roztworu buforowego o pH 10 z 300 mL trietanoloaminy i 50 mL 10% cyjanku potasu, wstrząsnąć i przechowywać w niezależnej kolbie. Roztwór 0,0125 M EDTA jest przygotowywany poprzez odważenie 4,653 g suszonego EDTA p.o. i rozpuszczenie w wodzie destylowanej w kolbie 1-litrowej, dopełniając do pełnej objętości. Czarny eriochromowy wskaźnik jest przygotowywany przez rozpuszczenie 100 mg wskaźnika w 25 mL alkoholu metylowego zawierającego 16 g boraksu na litr. Roztwór ten powinien być stosowany wkrótce po przygotowaniu, a jego użycie nie jest zalecane po 48 godzinach. Wskaźnik należy przechowywać w ciemnej fiolce, owinąć w folię i przechowywać w chłodnym miejscu.

$$[Ca^{2+} + Mg^{2+}] = V_{EDTA} \qquad \text{(np. 5.20)}$$

Gdzie: [Ca2++Mg2+] (cmolc/kg); objętość zużyta w mL 0,0125 M EDTA.

5.11.6.3 Wapń wymienialny

Zgodnie z protokołami analizy jonów wymiennych, w drugiej przygotowanej podwielokrotności (pkt **5.11.6.1**) wykonać ekstrakcję Ca2+ roztworem 1M KCl i oznaczyć poprzez miareczkowanie w obecności czarnego eriochromu i mureksydu lub wskaźników kalkonowych. W tym celu, w drugim Erlenmeyerze, umieścić dwa mL 50% trietyloaminy, 2 mL 10% KOH i jeden szczypta mureksydu (±50 mg). Następnie miareczkować 0,0125 M roztwór EDTA do punktu zwrotnego z różowego do purpurowego. Stężenie Ca, które można ekstrahować, oblicza się za pomocą równania 5.21. W celu przygotowania roztworu mureksydu odważyć 0,5 g wskaźnika, umieścić go w ziarnach porcelany i wymieszać ze 100 g suchego siarczanu potasu w proszku, dobrze rozdrabniając. Mieszaninę należy przechowywać w butelce z ciemnego szkła.

$$[Ca^{2+}] = V_{EDTA} \qquad \text{(Np. 5.21)}$$

Gdzie: [Ca2+] (cmolc/kg); objętość EDTA 0,0125 M w mL.

5.11.6.4 Magnez wymienialny

Mg2+ należy określić poprzez obliczenie różnicy między zawartością Ca2+ + Mg2+ a zawartością wolną od Ca2+ (równanie 5.22), dla tego należy odnieść się do pkt **5.11.6.2** i **5.11.6.3**.

$$[Mg^{2+}] = [Ca^{2+} + Mg^{2+}] - Ca^{2+} \qquad \text{(np. 5.22)}$$

Gdzie: [Mg2+] (cmolc/kg).

5.11.6.5 Potas wymienialny

Do oznaczania wymiennego K+ stosuje się ekstrakcję rozcieńczonym roztworem kwasu solnego, a następnie oznaczanie spektrofotometryczne. Odważyć 10 g suchej, przesianej ziemi i umieścić w kolbie Erlenmeyera o pojemności 200 mL i dodać 100 mL 0,05 N roztworu HCl. Kolbę energicznie wstrząsnąć szklaną bagietką, a następnie pozostawić na 12 godzin w pozycji stojącej. Następnie przefiltrować i oznaczyć zawartość spektrofotometru K+ za pomocą odpowiedniego filtra, stosując tę samą absorbancję, jaką zastosowano do wyznaczenia krzywej wzorcowej lub białej. Rozcieńczyć roztwór, jeżeli odczyt na aparacie przekracza użyty wzorzec. Współczynnik korygujący "fK" stosowany w równaniu 5.23 otrzymuje się z przygotowania roztworów wzorcowych KCl i NaCl.

W celu uzyskania współczynników "f" (fK e fNa), przygotować cztery wzorcowe roztwory Na+ i K+ zawierające odpowiednio następujące stężenia: 0,01; 0,02; 0,03 i 0,04 cmolc/L (10 meq/L). W celu przygotowania roztworów wzorcowych NaCl i KCl 0,1 cmolc/L, odważyć 0,0585 g NaCl i 0,0746 g KCl, uprzednio wysuszonych w piecu i rozpuścić w 0,05 N HCl, mieszając w 1 litrowej kolbie pomiarowej i wypełniając objętość 0,05 N HCl. Po pobraniu próbek z odpowiednich roztworów, odpipetować objętości 50, 100, 150 i 200 mL do kolb pomiarowych o pojemności 500 mL i napełnić objętość roztworem 0,05 N HCl. Roztwory powinny być przechowywane w odpowiednio oznakowanych kolbach. W celu wyznaczenia krzywych wzorcowych dla każdego z jonów należy zastosować cztery roztwory w spektrofotometrze, w kolejności rosnącego stężenia. Na podstawie równania linii prostej uzyskanego z krzywych określić współczynnik "fK". Stężenie ekstrahowalnego K+ obliczono za pomocą równania 5.23.

$$[K^+] = Abs. \times solution_{(1-4)} \times f_K \qquad \text{(Eq. 5.23)}$$

Gdzie: [K+] (cmolc/kg); Abs= odczyt absorbancji; zastosowany roztwór (1-4) rozcieńczenia; fK otrzymane w równaniu liniowym.

5.11.6.6 Sód wymienialny

W celu określenia wymiennego Na+ należy zastosować te same procedury opisane w poprzedniej sekcji (**5.11.6.5**) z ekstraktu z gleby otrzymanego z 0,05 N HCl, stosując podobne równanie do oszacowania stężenia Na+ (równanie 5.24) . W glebach słonych, zwykle występujących w pobliżu granicy strefy przybrzeżnej lub w obszarach półsuchych do suchych, powinno być możliwe kilka rozcieńczeń, jeśli odczyt na aparacie przekracza zastosowaną normę.

$$[Na^+] = Abs. \times solution_{(1-4)} \times f_{Na} \qquad \text{(np. 5.24)}$$

Gdzie: [Na+] (+cmolc/kg); Abs= odczyt absorbancji; użyte rozcieńczenie roztworu (1-4); fNa otrzymany w równaniu liniowym.

5.11.6.7 Suma podstaw wymiennych (CECsum)

Aby uzyskać CEC na podstawie stężenia [ppm] każdego analizowanego jonu w glebie, należy obliczyć CECsum na podstawie wartości wolnych jonów w analizie rutynowej (równanie 5.25), lub uzyskać poziomy CEC bezpośrednio w cmolc/kg na podstawie wyników badań opisanych w **punktach 5.11.6.1** do **5.11.6.6** (równanie 5.26). Rachunek zakłada 100% nasycenie zasadowe. W przypadku gleb o pH ≤ 6 należy jednak wziąć pod uwagę kwasowość wymienną. Wielu autorów szacuje kwasowość wymienną na podstawie równania regresji pomiędzy 1 M KCl kwasowości wymiennej (THOMAS, 1982) a wymaganym pH buforu wapiennego (patrz tabela w ROSS & KETTERINGS (2011).

$$CEC_{sum} = \frac{[Na^+]}{230} + \frac{[K^+]}{390} + \frac{[Ca^{2+}]}{200} + \frac{[Mg^{2+}]}{120} \quad \text{(Eq. 5.25)}$$

Gdzie: CECsum (cmolc/kg); oraz średnie stężenie [jonów] w ppm. Przykładowo, jego stężenie potasu [K] w mg/dm3 jest przeliczane na cmolc/dm3 według następującego stosunku: K (cmolc/dm3 gleby= K (mg/dm3 gleby/390), gdzie 390 stanowi masę atomową (39) pomnożoną przez współczynnik korygujący (10).

$$CEC_{sum} = [Na^+] + [K^+] + [Ca^{2+}] + [Mg^{2+}] \quad \text{(Eq. 5.26)}$$

Gdzie: CECsum (cmolc/kg).

5.11.6.8 Skuteczna kwasowość (EA)

Dwa główne rodzaje kwasowości są określane w analizach do badań gleby: kwasowość efektywna lub ekstraktywna (AE) oraz kwasowość potencjalna lub całkowita (PA). Różnice te wynikają z rodzaju zastosowanego ekstraktora. W celu określenia kwasowości wymiennej stosuje się roztwory soli obojętnych, które nie są buforowane jako KCl, można również zastosować 0,1 M BaCl2. Obydwa ekstrakty ekstrahują kwasowość związaną elektrostatycznie z powierzchnią glin, a ta, w większości gleb, składa się prawie w całości z Al3+. Kwasowość potencjalna (PA) określa razem H+ i Al3+, a także ekstrahuje kwasowość obecną w rodnikach karboksylowych w silnych (kowalencyjnych) wiązaniach, wykorzystując jako bufor octan wapnia buforowany do pH 7,0. Z tego powodu CECp jest często numerycznie większy niż CECe.

Kwasowość efektywna może być zdefiniowana jako rzeczywista kwasowość i jest używana do określenia efektywnego lub wymiennego CEC (CECe), które jest zdefiniowane jako suma zasad plus [H+ + Al3+] wymienny. Roztwory soli neutralnych, takie jak KCl, nie wytwarzają kwasowości poprzez dysocjację rodników karboksylowych (H+), a zatem suma oznaczonych jonów wodoru i glinu odpowiada wyłącznie formom wymiennym (DURIEZ *i in.*, 1982; DONAGEMA *i in.*, 2011). Jest to metoda miareczkowania ze wskaźnikiem i punktem zwrotu koloru. 10 g gleby należy umieścić w kolbie Erlenmeyera o pojemności 125 mL i dodać 50 mL 1 mol/L KCl. Po energicznym wymieszaniu mieszaninę należy odstawić na 30 minut za pomocą szklanego patyczka. Przefiltrować na bibule filtracyjnej Whatman No. 42 o średnicy 5,5 cm, dodając dwie porcje 10 ml 1 mol/L KCl. Dodać do filtratu 6 kropli 0,1% fenoloftaleiny i miareczkować 0,1 mol/L NaOH, aż kolor zmieni się na różowy. Fenoloftaleina (0,1%) stosowana jako wskaźnik jest przygotowywana poprzez rozpuszczenie 0,1 g w 100 mL alkoholu etylowego. Obliczenia do określenia efektywnej kwasowości (EA) są przedstawione w równaniu 5.27.

$$EA = \frac{V \times M \times 100}{p} \qquad \text{(np. 5.27)}$$

Gdzie: EA (cmolc/kg); V oznacza objętość NaOH zużytą w miareczkowaniu (mL); M oznacza molowość NaOH; a p oznacza masę próbki (g).

Niektórzy autorzy uważają CECe za efektywne (CECe) jako sumę zasad wymiennych (CECsum) plus aluminium, które jest efektywnie wymienne lub dostępne, nie biorąc pod uwagę zawartości H+, które w określonych warunkach pH nie są całkowicie dostępne dla efektywnej wymiany. W związku z tym często stosuje się równanie 5,28 jako punkt odniesienia dla oszacowania CECe.

$$CEC_e = \sum B + [Al^{3+}] \qquad \text{(Np. 5.28)}$$

Gdzie: CECe (cmolc/dm3 gleby); B oznacza określone podstawy, określane również jako CECsum.

W niniejszym opracowaniu przyjęto metodykę DURIEZ *et al.* (1982) oraz DONAGEMA *et al.* (2011), a obliczenia do wyznaczenia CECe oparto na równaniu 5.29, które przedstawia równoważność z równaniem 5.30, również dobrze cytowanym w badaniach gleboznawczych. Należy jednak pamiętać, że termin kwasowość potencjalna (PA) odnosi się do wartości uzyskanej podczas buforowania roztworu. Technika ta jest stosowana do oznaczania CECp. W specyficznych warunkach buforowania (pH ~7,0) lub zasadowym pH, część wodoru związana z cząsteczkami mineralnymi nie jest dostępna do dysocjacji, chociaż istnieje ekstrakcja kwasowości obecnej w rodnikach karboksylowych, jak już wspomniano. W tych przypadkach, do określenia CECe powinna być zastosowana efektywna kwasowość (EA) przedstawiona w równaniu 5.29, a nie kwasowość całkowita (PA). Pomimo tego, równania 5.29 i 5.30 nadal zachowują równoważność.

$$CEC_e = CEC_{SUM} + PA \qquad \text{(Eq. 5.29)}$$

Gdzie: CECe (cmolc/kg); CECSUM (cmolc/kg) otrzymane z równania 5,26; PA to potencjalna kwasowość (cmolc/kg) przy pH= 7,0 i jest równoważne sumie jonów H+ + Al3+.

$$\begin{aligned} CEC_e &= CEC_{SUM} + PA \quad (for\ pH \approx 7.0)\ or \\ CEC_e &= CEC_{SUM} + EA \quad (for\ pH\ not\ controled) \therefore \\ CEC_e &= \sum B + [Al^{3+} + H^{+}] \end{aligned} \qquad \text{(Np. 5.30)}$$

Gdzie: CECe (cmolc/kg).

5.11.6.9 Kwasowość potencjalna lub ekstraktywna (PA)

Zgodnie z PEECH (1965), potencjalną kwasowość uzyskuje się poprzez ekstrakcję roztworami soli buforowanych lub mieszaninami soli obojętnych z roztworem buforowym. Jest to ekstrakcja kwasowości gleb buforowanym octanem wapnia (pH= 7,0) i oznaczana objętościowo roztworem NaOH w obecności fenoloftaleiny jako wskaźnika. Początkowo należy przygotować supernatant "Ac" w roztworze z octanem wapnia. W tym celu odważyć 10 g gleby, umieścić w kolbie Erlenmeyera o pojemności 200 ml i dodać 150 ml roztworu octanu wapnia o ph 7,0. Wymieszać energicznie szklanym patyczkiem i pozostawić do odstawienia. Powtórzyć tę ostatnią czynność kilka razy, aby zapewnić maksymalny kontakt octanu z glebą, a następnie pozostawić na 12 godzin. Odpipetować 100 mL roztworu supernatantu "Ac" do kolby Erlenmeyera o pojemności 200 mL. Następnie dodać pięć kropli 3 % roztworu fenoloftaleiny i miareczkować roztworem 0,0606 mol/L NaOH, aż do zmiany koloru na trwały różowy. W celu przygotowania roztworu octanu wapnia, w 1-litrowej kolbie pomiarowej, 80 g soli należy rozpuścić w wodzie destylowanej, kontrolując pH potencjometrem przy pH=7,0 poprzez podanie lodowatego kwasu octowego lub wodorotlenku wapnia, i uzupełnić objętość. Obliczenia określa się za pomocą wzoru 5.31.

$$PA = Va - Vb \qquad \text{(Eq. 5.31)}$$

Gdzie: PA (cmolc/kg) oznacza sumę jonów H+ + Al3+; Va oznacza objętość w ml NaOH próbki; Vb oznacza objętość w ml białego NaOH.

5.11.6.10 Wodór wymienialny

Oblicza się ją na podstawie różnicy między wartościami potencjalnej kwasowości (PA) otrzymanej metodą opisaną w pkt 5.**11.6.9** i metodą aluminium wymiennego opisaną w pkt **5.11.6.1** (równanie 5.32). W pewnych szczególnych okolicznościach, jak w przypadku gleb obojętnych do lekko alkalicznych, obserwuje się, że różnica między efektywną kwasowością a potencjalną kwasowością jest niska (małe odchylenie standardowe). W tych sytuacjach często obserwuje się wykorzystanie EA w obliczaniu zawartości H+.

$$[H^+] = PA[H^+ + Al^{3+}] - [Al^{3+}] \qquad \text{(np. 5.32)}$$

Tabela 5.6: Podsumowanie oznaczeń CEC w glebach, z których pobrano próbki.

CEC	Procedura
CEC skuteczna	Σ zasad i [H+ + Al3+] zmiana
Potencjał CEC	Σ zasad plus suma [H+ + Al3+].

5.12 Mapy tematyczne izoweli

Do obróbki danych przestrzennych zastosowano techniki krigingu i klasyfikacji Sheparda za pomocą programu Surfer® - Surface Mapping System w wersjach 6.01 i 9.11; ©1993-2010 Golden Software Inc. oraz ArcGis® w wersji 9.3 ©2008 ESRI- USA, co pozwoliło na opracowanie hierarchicznej klasyfikacji z map izowali, które były bardzo pomocne przy interpretacji wyników.

Według LANDIM (1997), jednym z najważniejszych problemów związanych z zastosowaniem analizy statystycznej w badaniach sedymentologicznych jest fakt, że każda stacja poboru próbek może być bardzo specyficzna, co odzwierciedla tę cechę w wynikach analiz. Powierzchniowe dane sedymentologiczne składają się ze zmiennych, których wyniki mogą opisywać wyłącznie zjawiska przestrzenne, dlatego dla lepszej interpretacji analiz konieczne jest stosowanie map. Na dwóch badanych obszarach, powołując się na Atlantycką Puszczę Ombrofijną i Amazońską Puszczę Ombrofijną, wykryto nieciągłości w typach gleb badanych obszarów, które przedstawiały graficznie luki o zupełnie różnych wartościach. Zostało to statystycznie skorygowane za pomocą techniki krigingu, co pozwoliło na zmniejszenie drastycznej amplitudy w pierwotnych wynikach.

5.13 Analizy statystyczne

Metody statystyczne były stopniowo stosowane w różnych obszarach badań, co zwiększyło różnorodność i złożoność metod analizy. Obszary pozornie jednorodne pod względem zewnętrznych aspektów krajobrazu często prezentują gleby o wrażliwych różnicach w kilku cechach analitycznych (teksturalnych, żywieniowych, itp.) i fizykochemicznych. Konieczny staje się wzrost gęstości pobierania próbek na tych obszarach, ponieważ szacunki dotyczące około jednej jednostki glebowej będą dokładniejsze, ponieważ cechy różnicujące są mniej zmienne, a więcej obserwacji zostało przeprowadzonych na tym samym obszarze, ponieważ przewidywania dotyczące gleby nie mogą być lepsze niż uzyskane próbki.

Ponieważ liczba dostępnych obserwacji nie jest wystarczająco duża, aby idealnie scharakteryzować populację, staramy się skorygować ten problem poprzez zbliżenie wartości, czyli zastosowanie zakresów klas wyników. W badaniu tym, ze względu na dużą liczbę próbek i rodzaj zastosowanego leczenia analitycznego, wybrano sekwencję oznaczeń w celu określenia trendów i stopnia skojarzenia badanych metod. Zastosowano analizy statystyczne:

1. Miary tendencji centralnej: wartość średniej arytmetycznej (µ), średniej (-x-), średniej ważonej, mediany i oszacowania mody.
2. Parametry rozproszenia: amplituda całkowita, wariancja, odchylenie standardowe, błąd średni, współczynnik zmienności i przedział ufności.
3. Analiza porównawcza: regresja, korelacja i analiza wariancji.
4. Badania sedymentologiczne: parametry FOLK & WARD (1957) oraz wykres dyspersji.

Wyniki CEC uzyskane dla poszczególnych typów gleb analizowano w aspekcie opisowym, w celu weryfikacji ich miar centralnej tendencji i zmienności. W celu sprawdzenia wielkości i kierunku asocjacji pomiędzy badanymi metodami zastosowano dwie metody, bez żadnego stopnia zależności oraz współczynnik korelacji Pearsona (r) do oceny stopnia zależności składników jonowych zastosowanych do regresji liniowej. Analizę statystyczną przeprowadzono za pomocą podstawowej, liniowej - nieliniowej i wielowymiarowej analizy odkrywczej z wykorzystaniem zasobów oprogramowania Astute® 2.0, BioEstat® 5.0, Statistica StatSoft© 7.0 i Systat® 9.0.

5.13.1 Parametry Folk & Ward

Do grupy parametrów statystycznych FOLK & WARD (1957) należą następujące zmienne: średnia średnica cząstek; odchylenie standardowe; stopień asymetrii i stopień kurtosis.

Centralna tendencja lub średnia średnica odzwierciedla ogólną średnią wielkość cząstek, a także wskazuje na wpływ źródła materiału na średnią. Parametr ten pozwala na określenie kierunku wzrostu lub zmniejszenia wielkości ziaren, częstotliwości aktywności ziaren w cyklu osadzania oraz jej zmienności w stosunku do aktualnej linii brzegowej, wskazując na stopień energii zaangażowanej w proces transportu lub sedymentacji. Wykreślenie danych ze wszystkich próbek na mapie pozwoliło na wizualizację trendów regionalnych. Wyniki porównano przestrzennie i czasowo, dążąc do określenia podobieństw pomiędzy badanymi metodami.

Na podstawie analizy częstotliwości klasowej uzyskano średni rozkład średnic osadów, a następnie wykreślono średnie, występowanie i częstotliwości klasowe. Średnia częstotliwość jest średnią arytmetyczną z częstotliwości frakcyjnych wszystkich analizowanych próbek. Z kolei częstotliwość występowania otrzymano dzieląc liczbę próbek, w których występuje frakcja, przez całkowitą liczbę próbek. Częstotliwość występowania klas określono na podstawie utworzenia grup liczbowych, które klasyfikują próbki z ich liczebności. Za dominujące uznano frakcje, które uzyskały ułamki większe niż 70% ogólnej liczby próbek.

Inną miarą tendencji centralnej było odchylenie standardowe, służące do pomiaru rozproszenia stopnia doboru próbek. Mapa wizualizacji trendu odchylenia standardowego pozwoliła na ocenę oscylacji wzorców granulometrycznych gleb w badanych obszarach. Stopień doboru zależy w znacznym stopniu od sposobu transportu gleby (wietrzenie, erozja wodna lub wietrzna), reprezentując jej tendencję do jednorodności granulometrycznej.

Na stopień asymetrii wskazywała odległość od średniej średnicy mediany, oparta na fakcie, że w rozkładzie normalnym (symetrycznym) mediana, tryb i średnia średnica pokrywają się. Miara asymetrii wskazuje na odległość krzywej od rozkładu normalnego. Jeśli asymetria jest ujemna, średnia średnica będzie mniejsza od mediany, a jeśli jest dodatnia, wystąpi odwrotność, to znaczy, że średnia średnica będzie większa od mediany. Kurtoza jest stopniem spłaszczenia rozkładu, zwykle rozpatrywanym w odniesieniu do rozkładu normalnego. Rozkład, który ma stosunkowo wysoki pik jest nazywany leptokurtowym, podczas gdy ten z krzywej, który ma płaski wierzchołek jest nazywany platekurtowym. Rozkład uważany za normalny nazywa się Mesokurtic.

5.13.2 Rozproszenie

Zachowanie zmiennych sedymentologicznych można również analizować na podstawie wykresów dyspersyjnych. Diagramy te mają na celu zbadanie stopnia skojarzenia dwóch zmiennych i są skonstruowane poprzez wrzucenie pomiarów do układu osi (x; y), gdzie każda oś reprezentuje zmienną (YAMAMOTO *i in.*, 1980). Analiza jest przeprowadzana z uwzględnieniem rozmieszczenia stacji. Stopień asocjacji pomiędzy zmiennymi, przyjmowany dwa razy na dwa, można zmierzyć poprzez obliczenie współczynnika korelacji Pearsona, który wynosi od -1 do +1. Gdy współczynnik jest zbliżony do +1, występuje silna dodatnia korelacja liniowa, a ta występuje, gdy zmienne są wprost proporcjonalne. Gdy współczynnik jest bliski -1, występuje silna ujemna korelacja liniowa, to znaczy, że zmienne są odwrotnie proporcjonalne. Wartości bliskie zeru wskazują na całkowite rozproszenie stacji, a to ma miejsce, gdy zmienne nie są ze sobą skorelowane, z zerową korelacją liniową. Istnieje również korelacja nieliniowa, która choć wydaje się być rozrzutem punktów, to przedstawia kolejność. Na podstawie zmiennych sedymentologicznych obliczono matrycę korelacji i opracowano wykresy dyspersji dla każdej badanej jednostki.

6. WYNIKI I DYSKUSJA

6.1 Koloidy i ich struktury adsorpcyjne

W procesie formowania się lub konsolidacji gleb, w miarę ich powstawania, podczas procesów wietrzenia, różne minerały i OM są redukowane do bardzo małych cząstek. Zmiany chemiczne jeszcze bardziej zmniejszają cząstki do tego stopnia, że są one prawie mikroskopijne. W tym momencie cząstki te zaczynają się agregować i są określane jako koloidy. Koloidy typu ilastego są frakcjami mniejszymi niż 0,001 mm i mają istotny udział w procesie adsorpcji i transportu jonowego. Koloidy mogą być mineralne lub organiczne (rysunek 2.7). Koloidy mineralne składają się z glinki krzemianowej i glinki seskwoksydowej (tlenki, wodorotlenki i tlenowo-wodorotlenki Fe i Al). Koloidy organiczne powstają w procesie humifikacji, który w wyniku działania mikroorganizmów przekształca materię organiczną w prostsze cząstki. Koloidy mineralne mają strukturę podobną do płytek krystalicznych. W większości gleb koloidy mineralne występują w większych ilościach niż koloidy organiczne. Mimo to oba koloidy uczestniczą w procesach konsolidacji gleby i procesach diagenetycznych, będąc odpowiedzialnymi za aktywność chemiczną w glebie.

Składniki odżywcze dostępne w glebie dla roślin są zazwyczaj w formie rozpuszczalnej, a większość z nich jest adsorbowana do koloidów lub w fazie mineralnej lub organicznej jako wolno dostępny element. Dostępność makro- i mikroskładników pokarmowych w glebie, równowaga jonowa, związek pomiędzy składnikami pokarmowymi oraz warunki kwasowości podłoża są nieodłącznymi czynnikami w diagnostyce żyzności gleby. W tym sensie wiedza na temat tworzenia się koloidów jest determinująca dla zrozumienia procesu uwalniania jonów do systemu korzeniowego roślin. Koloidy glebowe wpływają na produkcję rolniczą. Ze względu na przyciąganie elektromagnetyczne, koloidy działają w retencji składników odżywczych, dając początek pojęciom takim jak suma zasad wymiennych (S), pojemność wymiany kationowej (CEC) i procent nasycenia zasad (V).

Skład materiału wyjściowego oraz stopień wietrzenia gleby determinują rodzaje i objętość formowanej gliny. Podobnie, zawartość i jakość próchnicy zależy od rodzaju cząsteczki organicznej, którą posiada gleba. Dlatego też koloidy mineralne i organiczne zależą od następujących czynników: fizycznego - zwłaszcza temperatury, wilgotności i opadów (wietrzenia); biologicznego - w tym rodzaju cząsteczki organicznej (lipidy, białka i minerały), stopnia aktywności mikrobiologicznej itp. oraz reakcji chemicznych, w tym potencjału redoks i obecności elementów reaktywnych (jonów).

Koloidy najczęściej wykazują ujemny bilans ładunkowy w swojej zewnętrznej strukturze (rys. 2.7, 6.1 i 6.2), wykształcony w trakcie procesu syntezy. Dzięki temu koloidy mogą przyciągać dodatnio naładowane cząstki (kationy). W nawilżonych cząsteczkach organicznych (rys. 6.1) zdolność adsorpcji jest większa, ponieważ złożoność i obecność funkcji kwasu karboksylowego (COOH) jest również większa. Obserwuje się to w badaniach obejmujących cząsteczki substancji humusowych (np. kwas humusowy i fulwowy). W trakcie rozkładu materii organicznej protony są uwalniane z rodników OH i COOH. Wzrost H+ w roztworze w wodzie śródmiąższowej powoduje obniżenie pH układu. Istnieje zatem silna korelacja pomiędzy kwaśnym pH, wzrostem ładunków protonów w roztworze i jonizacją zewnętrznej struktury cząsteczki organicznej. Organosole i glejole Puszczy Atlantyckiej mają wysoką zawartość OM i mają silnie kwaśne pH, głównie ze względu na opisane warunki. W koloidach mineralnych (rysunek 6.2) odpowiedź wymaga zrozumienia tworzenia się minerałów ilastych i tlenków. Od pewnego momentu dochodziło do izomorficznych przemian w sieci krystalicznej. W tych przypadkach częste są podstawienia Si4+ przez Al3+ w układzie czworościanu oraz wejście Mg2+ w miejsce Al3+ w oktahedrze. W minerałach ilastych 1:1 atomy brzegowe wykazują brak równowagi w numerze koordynacyjnym kationu (Si i Al). W minerałach ilastych 2:1 nadmiar ujemnego ładunku jest kompensowany dodatnim ładunkiem kationów, szkiełek wodorotlenkowych lub również polimerów $Al(OH)_3$ znajdujących się pomiędzy warstwami, utrzymujących je razem. Reaktywność tych grup funkcyjnych zależy od relacji między walencją kationową a liczbą koordynacyjną. Z fizyczno-chemicznego punktu widzenia, zewnętrzna struktura koloidów może być stała lub zależna od pH gleby. Trwałe ładunki występują w strukturach minerałów i z tego powodu są one zawsze sprawne. Jednak struktura zależna od pH występuje przede wszystkim w cząsteczkach OM w procesie humifikacji. W miarę jak siatka krystaliczna staje się coraz bardziej złożona, zwiększa się odporność cząsteczki.

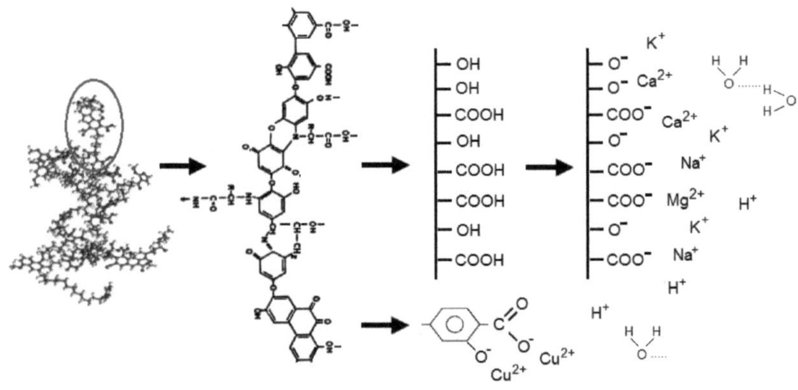

Rysunek 6.1: Zarys zewnętrznej struktury tworzenia się koloidu organicznego z cząsteczki organicznej w procesie humifikacji. Szczegóły dotyczące adsorpcji jonów zasadowych, pierwiastków ziem alkalicznych i śladowych w funkcji uwalniania protonów.

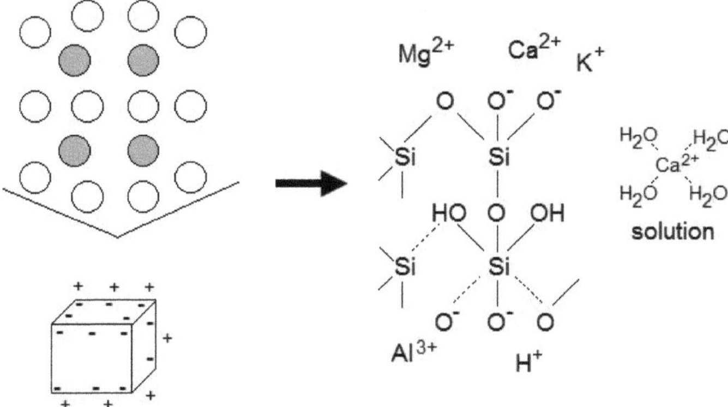

Rysunek 6.2 Zarys zewnętrznej struktury nieorganicznego koloidu gliny rodzajowej. Sieć wiązań kowalencyjnych (o intymnej relacji jonu do powierzchni koloidu) i jonowych (z przewagą przyciągania ładunków elektrycznych) przeplatają się, dając zgodność ze strukturą krystaliczną.

Ładunki zależne od pH są skuteczne lub nie, w zależności od pH medium. Jest to ważny warunek, ponieważ zmiany pH gleby, bez względu na przyczynę (spalanie, opady, wietrzenie lub wietrzenie wody, reakcje rozkładu), będą zakłócać zdolność adsorpcji cząstek, a w konsekwencji CEC gleby. Dalsze szczegóły zostaną omówione w **punkcie 6.6**. Ta cecha koloidów wyjaśnia, dlaczego NO3- jest łatwiej wymywany w glebie niż NH4+. NO3- wykazuje słaby ładunek ujemny, pozostając jako wolny jon w wodzie śródmiąższowej, a tym samym jest bardziej podatny na transport przez opady deszczu.

Wśród czynników, które wpływają na adsorpcję i wymianę kationów, wyróżniają się dwa czynniki: 1) im wyższa walencja tym silniej adsorbowany jest kation: Al3+ > Ca2+ > Mg2+ > K+ > Na+ i H+ zachowuje się jak trójwartościowy; 2) im wyższe jest uwodnienie jonu, tym mniej jest on adsorbowany: Li+ > Na+ > K+ > NH4+ > Mg2+ > Ca2+. Tak więc Li+ jest najmniej adsorbowany, ponieważ ma większą zdolność nawadniania. Selektywność koloidów (tabela 6.1) jest funkcją kilku właściwości fizykochemicznych i strukturalnych. Ogólnie rzecz biorąc, kationy w większym stężeniu są bardziej adsorbowane, a pozostałe przenoszą się do roztworu glebowego (woda śródmiąższowa). Dla gleb badanych w Lasach Atlantyckich i Amazońskich wyniki uporządkowania jonowego przedstawiono w **punkcie 6.9**.

Tabela 6.1: Selektywność koloidalna w funkcji typu mineralnego.

Cząstka	Zamówienia jonowe
Illite	Al3+ > K+ > Ca2+ > Mg2+ > Na+
Kaolinit	Ca2+ > Mg2+ > K+ > Al3+ > Na+
Montmorylonit	Ca2+ > Mg2+ > H+ > K+ > Na+
Substancja organiczna	Mn2+ > Ba+ > Ca2+ > Mg2+ > H+ > K+ >

Na kationach można zaobserwować w minerałach ilastych dwa wzorce adsorpcji: 1) adsorpcja specyficzna - dzięki związkom chemicznym o wysokiej energii bardzo zbliżonym do jonów K+, Cu2+, Zn2+ i Al3+; 2) adsorpcja niespecyficzna - która zachodzi, gdy kationy pozostają uwodnione i są przyciągane przez ładunki ujemne koloidów glebowych, jak w przypadku jonów Na+, K+, Ca2+, Mg2+, Al3+. Występują również sytuacje, w których struktura zewnętrzna koloidów może przedstawiać bilans ładunków dodatnich w ich strukturze zewnętrznej, w tym przypadku przyciągając cząstki anionowe, zwłaszcza NO3-, fosforan anionów (H2PO4-) i siarczan (SO42-), które są zatrzymywane przez specyficzną adsorpcję. W mniejszym stopniu może zachodzić adsorpcja jonów Cl-, rzadziej, ponieważ są one słabo adsorbowane i w większości przypadków są wymywane. Zwłaszcza w obszarach o dużych opadach deszczu, takich jak Amazonka, jony chlorkowe są szybko transportowane do systemów wodnych po dużych opadach, co jest obserwowane przez niskie stężenie Cl- w próbkach gleby. Na rysunkach 6.3 i 6.4 przedstawiono możliwości adsorpcji jonowej i kowalencyjnej w minerałach zawierających tlenki żelaza, odpowiednio, w adsorpcji jonowej i kowalencyjnej.

Rys. 6.3. Schemat struktury zewnętrznej nieorganicznego koloidu zawierającego tlenek żelaza w adsorpcji z dwuwartościowym pierwiastkiem śladowym (adsorpcja kationowa).

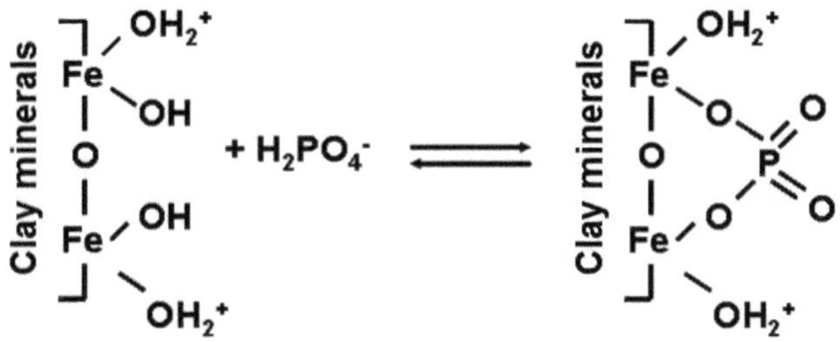

Rysunek 6.4: Schemat budowy zewnętrznej nieorganicznego koloidu zawierającego tlenek żelaza w adsorpcji z cząsteczką fosforanu (adsorpcja anionowa).

Chociaż zależy to głównie od stężenia jonów w roztworze glebowym, wchłanianie kationów przez korzenie roślin nie jest procesem niespecyficznym. W niektórych przypadkach proces wchłaniania zależy od specyficznej przepuszczalności błony roślinnej dla niektórych kationów, mechanizm znany jako ułatwiona dyfuzja (MENGEL & KIRKBY, 2001). Podczas procesu wchłaniania może dojść do niespecyficznej konkurencji pomiędzy różnymi kationami poprzez to samo miejsce wchłaniania na powierzchni korzenia. Będzie to miało wpływ na szybkość wchłaniania kationów wymiennych (CE; patrz **punkt 6.9**). Możliwym skutkiem jest zahamowanie absorpcji jednego z jonów obecnych w roztworze glebowym. Według MALAVOLTA *i wsp.* (1997) zahamowanie to można odwrócić poprzez zwiększenie stężenia kationów o zmniejszonym stężeniu w roztworze, proces określony przez autorów jako hamowanie konkurencyjne.

Pomimo mniejszego udziału w kompleksie kationowym w układzie gleba-roślina, a co za tym idzie mniejszej aktywności w roztworze glebowym, według BENITES *et al.* (2010), K+ jest w większym stężeniu w roślinie w porównaniu z jonami Ca2+ i Mg2+. Zdaniem autorów jest to spowodowane tym, że istnieją silne dowody na to, że K+ jest szybciej wchłaniany przez formę aktywną lub ułatwioną dyfuzję i silnie konkuruje z innymi kationami. Chociaż stężenie Ca2+ w roztworze glebowym jest dziesięć razy większe niż K+, jego absorpcja jest zwykle niższa niż K+, ponieważ Ca2+ może być wchłaniane tylko przez młode korzenie, w których ściany komórek endodermy nie są poderżnięte (MENGEL & KIRKBY, 2001). Selektywna konkurencja między kationami w procesie wchłaniania przez korzenie roślin została omówiona przez kilku autorów (ROSOLEM *i in.*, 1984; MASCARENHAS *i in.*, 1987, 2000; OLIVEIRA *i in.*, 2001; MEDEIROS *i in.*, 2008).

6.2 Charakterystyka gleb objętych próbą

Różnorodność gleb zarówno w Puszczy Atlantyckiej jak i w Puszczy Amazońskiej wynika z interakcji czynników klimatycznych, w tym różnej intensywności i prędkości procesów wietrzenia. Warunek ten, związany z charakterystyką lokalnych ekosystemów, ustala właściwości odmienne od gleb. Charakterystyka badanych gleb uwzględniała zmiany pojęciowe i restrukturyzacje, które wystąpiły w brazylijskim systemie klasyfikacji gleb w latach 1999-2006. W dwóch badanych biomach obserwowano klasy gleb: Latosol, Organosol, Gleysol, Neosol, Plinthsol i Argisol.

Tabela 6.2: Właściwości niektórych mineralnych i organicznych koloidów (próchnica) gleby.

Colloid	Typ	Rozmiar	Kształt	Powierzch	Ładunek
Esmektyt	Krzemian 2:1	0.01 – 1.0	Płatki	80 - 150	-800 a -1500
Wermikulit	Krzemian 2:1	0.1 – 0.5	Płytki/płatki	70 - 120	-1000 a -2000
mika cienka	Krzemian 2:1	0.2 – 2.0	Płatki	70 - 175	-100 a – 400
Caulinite	Krzemian 1:1	0.1 – 5.0	Kryształy 6*	5 - 30	-10 a – 150
Gibbsite	Tlenek Al	<0.1	Kryształy 6	80 - 200	+100 a -50
Goethite	Tlenek Fe	<0.1	Zmienna	100 - 300	+200 a -50
Humus	Organiczny	0.1 – 1.0	Amorficzny	Variável	-1000 a -5000

* Kryształy sześciokątne

6.2.1 Latosol

Słowo pochodzące z łacińskiego łaciny *lat*, materiał silnie zmieniony (cegła), kojarzący się z wysoką zawartością tlenków sezamu. Latosole są glebami silnymi do średnio dobrze zdrenowanych, głębokimi, o kilku poziomach A, B i C. To zróżnicowanie zdolności melioracyjnych zależy w dużym stopniu od stężenia gliny w glebach. Na przykład czerwone latosole o średniej strukturze są uznawane za silnie drenowane, z szybko usuwaną wodą, bardzo porowate, o strukturze średniej do piaszczystej i dobrze przepuszczalne. Czerwone latosole o strukturze gliniastej uważa się za silnie odwodnione. W poziomie B zawartość gliny pozostaje stała wzdłuż profilu pionowego. Latosole żółte są glebami głębokimi, o żółtawym kolorze, bardzo jednorodnym profilu, z dobrym drenażem i w większości o niskiej naturalnej żyzności. Zajmują one duże połacie terenu w Dolnej i Środkowej Amazonii.

Ubarwienie tych gleb może wahać się od ciemnoczerwonego do żółtego, na ogół jest to najciemniejsza gleba na horyzoncie A, ze względu na obecność OM, a bardziej widoczne kolory na horyzoncie B. Latosole są glebami mineralnymi niehydromorficznymi w zaawansowanym stadium wietrzenia. Z tego powodu pozbawione są minerałów pierwotnych, natomiast występują w nich uwodnione tlenki Fe i Al lub minerały ilaste 1:1 o niskim CEC. W aspekcie granulometrycznym dominuje glina. Frakcje ilaste są stosunkowo stałe, zwykle między 10 a 15%, zwłaszcza w dystroficznych czerwonych latozolach (LVd), a między 15 a 25% w latozolach typu LVA (rysunek 6.5).

Latosole ilaste wykazują dodatnią korelację między zawartością gliny a składnikami azotowymi i jonowymi alkalicznymi (K+, Ca2+ i Mg2+), inaczej niż w przypadku gleb piaszczystych i ilastych. Wynika to z właściwości fizycznych gleb piaszczystych, charakteryzujących się wysoką przepuszczalnością i napowietrzaniem, sprzyjających procesom szybkiej degradacji OM, mineralizacji i utraty składników pokarmowych ze względu na niską zdolność adsorpcji elementów kationowych do matrycy glebowej (BRINKMANN, 1983; McGRATH *i in.*, 2001). Frakcja ilasta składa się z kaolinitu, gibbsytu, materiałów amorficznych, wolnego tlenku żelaza i kwarcu (MUNIZ & JACKSON, 1967), a kaolinit i gibbsyt przeważają w większości brazylijskich latosoli (oksyizoli), stanowiąc ponad 50% całkowitej frakcji. Zgodnie z RODRIGUES (1977), warunki niskiego stężenia SiO2 i wysokiej zawartości Al2O3 sprzyjają powstawaniu gibbsytu.

Latosole charakteryzują się dużą jednorodnością frakcji ilastej, z przewagą minerałów takich jak kaolinit czy kaolinit-tlenek. Wpływa to na wyniki proporcji SiO2/Al2O3 (Ki), które na ogół pozostają w przedziale od 1,5 do 2,0, co sugeruje, że gleby są częściowo zwietrzałe. Istnieje jednak pewna odporność na zaburzenia gleby ze względu na brak minerałów pierwotnych, które łatwo ulegają zwietrzeniu. Obszary, z których pobrano próbki w Lesie Atlantyckim, miały strukturę od gliniastej do bardzo gliniastej, z frakcjami ilastymi wahającymi się od 60,8 do 67,8% (średnio 64,6%) w przypadku latosoli czerwono-żółtych (LVA) oraz od 72,3 do 77,2% (średnio 75,3%) w dystroficznych latosolach czerwonych (LVd). W glebach latosolowych badanych w regionie Amazonii frakcje ilaste pozostawały między 72,3 a 78,1% (średnia 74,7%, Tabela 6.3). Stosunek SiO2/Al2O3 (Ki) wahał się w badanych glebach Lasu Atlantyckiego od 1,16 do 1,34 (średnio 1,23) dla LVA oraz od 0,77 do 0,93 (średnio 0,86) dla LVd. W Lesie Amazońskim Ki wahał się od 0,76 do 0,92 (średnio 0,83) dla LAd. Zaobserwowano tendencję do wzrostu stężenia gibbsitu wraz ze spadkiem zawartości kaolinitu, sugerując sekwencję wietrzenia według dwóch możliwych dróg przemian: 1) Gibbsyt z kaolinitu mikowego; lub 2) Gibbsyt z amorficznego materiału skalnego. Wyższa koncentracja gibbsitu w Cerrado Latosols w północno-zachodniej części Puszczy Atlantyckiej sugeruje wyższy stopień wietrzenia tych gleb w porównaniu z wilgotniejszymi rejonami Puszczy Atlantyckiej lub Puszczy Amazońskiej, gdzie dominuje kaolinit. Najniższe współczynniki SiO2/Al2O3 (Ki) stwierdzone na stanowiskach objętych próbą w dystroficznych Czerwonych Latosolach (LVd) regionu Lasu Atlantyckiego (Ki <1) sugerują dłuższy czas działania procesów pedogenetycznych. Takie samo zachowanie zaobserwowano w jodłowych Latosolach Amazonii Terra. W tym przypadku czynnik czasu jest istotny dla tego procesu. Tak więc starsze i stabilniejsze gleby są bardziej zmienione przez procesy pedogenetyczne, co tłumaczy się działaniem procesów erozyjnych i lokalnym wietrzeniem. Najnowsze gleby, takie jak gleby zalewowe w Amazonii, z niedawnymi osadami w kanale aluwialnym, charakteryzują się niższym tempem przemiany, przy mniejszym wpływie procesów pedogenetycznych.

Ponad 95% Latosoli w badanych regionach ma kwaśny charakter dystroficzny, przy niskich wartościach CEC. pH większości analizowanych próbek w Cerrado, campina i campinarana Latosols of Amazonia wynosiło od 4,2 do 4,5, co charakteryzuje gleby silne i średnio kwaśne. Badania porównawcze próbek z tych dwóch regionów wykazały wahania pH pomiędzy 0,3 a 1,0 jednostek pH, sugerując ujemne ładunki netto z przewagą pojemności kationowymiennej (CEC) nad pojemnością anionową (AEC). Można to wyjaśnić faktem, że ładunki ujemne w zewnętrznej strukturze koloidów (**pozycja 6.1**) kompleksów organiczno-mineralnych są znacznie większe niż ładunki dodatnie. Zawartość węgla pierwiastkowego (POC) w latosolach ilastych wahała się od 1,8 do 2,8% w warstwach powierzchniowych (A Horizon) Puszczy Atlantyckiej, spadając do 0,5% w niższych warstwach B Horizon. Wartości te są uważane za wysokie z punktu widzenia zawartości OM. W Latosolach o średniej teksturze i mniej gliniastych, obecnych na łąkach regionu Amazonii, ustalone poziomy POC były nieco mniejsze, wahając się od 2,0 do 2,3% w A Horizon.

Wartości sumy baz (CECsum) w Latosolach LVA i LVd były dość zmienne i wynosiły od 1,45 do 4,41 cmolc/kg (średnio 2,63 cmolc/kg) w A Horizon. W A Horizon wartości te miały tendencję do stopniowego zmniejszania się w stosunku do B Horizon. Głównym jonem odpowiedzialnym za wartości sumy baz było Ca2+, a najmniej istotnym Na+. W wartościach średnich CEC obliczone dla gliniastych Latosoli Lasu Atlantyckiego wynosiły 3,71 cmolc/kg (CECe) dla LVA i 3,96 cmolc/kg (CECe) dla LVd. Na glebach amazońskich wartości wyznaczone dla CECsum były znacznie niższe i wahały się od 0,27 do 0,59 cmolc/kg (średnio 0,38 cmolc/kg) w A Horizon A. Średnie CEC dla LAd wynosiło 1,55 cmolc/kg. Średnie wartości CECe otrzymane przez sumę zasad (CECsum) plus zawartość Al były w glebach amazońskich bardzo niskie, co sugerowało zmniejszoną liczbę ładunków jonowych zbliżoną do naturalnego pH. Wskazuje to na ograniczoną dostępność dostępnych składników pokarmowych dla roślinności rodzimej, jak również na możliwe obszary uprawne (tabela 6.4).

Odsetek nasycenia zasadowego (V%) w większości Latosoli wynosi mniej niż 50%, co charakteryzuje je jako gleby dystroficzne. Na obszarach o rozwiniętym profilu osadów pochodzących ze skał podstawowych mogą występować Latosole czerwone lub eutroficzne Latosole czerwono-czarne o V> 50% (GOEDERT, 1985). Na badanych obszarach poziomy nasycenia baz wahały się od 17,7 do 40,3% (średnio 27,9%) dla LVA i od 39,5 do 63,8% (średnio 50,2%) dla LVd, w obu przypadkach w Puszczy Atlantyckiej; oraz od 3,5 do 7,5% (średnio 5,3%) dla LAd w Puszczy Amazońskiej. Większość latozoli jest alkaliczna, z nasyceniem Al w masie (m%) większym niż 50%, gdy wiadomo, że granica równowagi między stężeniem zasad a Al wynosi 30% (MACEDO & MADEIRA NETTO, 1981). Powyżej tej granicy, według autorów, występuje toksyczne oddziaływanie Al na rodzime uprawy i rośliny naturalne. Ogólnie rzecz biorąc, wartości m% pozostają stałe w całym profilu glebowym, z wyjątkiem ciemnoczerwonych lub fioletowych latosoli, gdzie następuje wzrost wartości w Horyzoncie B. Najwyższe wartości nasycenia w Al w masie (m%) obliczono na Latosolach amazońskich, przy czym *m* >70% (tabela 6.4).

6.2.2 Organosol

Słowo pochodzące z greckich *organikós*, oznacza odpowiednie lub właściwe dla związków węgla. Są to gleby słabo rozwinięte, składające się z materiału organicznego pochodzącego z akumulacji resztek roślinnych w różnym stopniu rozkładu. Są to gleby o organicznej budowie środowiska o dużej wilgotności.

Ważną cechą fizyczną Organosoli jest ich drenaż. Gleby organosolowe uważa się za słabo lub bardzo słabo drenowane, gdzie woda jest usuwana z gleby tak powoli, że zwierciadło wody pozostaje na powierzchni lub w jej pobliżu przez większą część roku. Drenaż różnicowy pomiędzy poziomami powierzchniowymi i podpowierzchniowymi Organozoli pozwala na utratę poziomu powierzchniowego poprzez erozję i ługowanie, odsłaniając górną część kolumnowych struktur pryzmatycznych, nadając im charakterystyczny wygląd.

Organosole zazwyczaj zajmują płaskie powierzchnie lub depresje, gdzie często występuje stagnacja wody. W warunkach naturalnych gleby te nie oferują odporności na przenikanie wody do głębokości warstwy mineralnej. Ponieważ pochodzą one ze skał podstawowych, gleby te mają wysoki poziom żelaza, który nadaje im kolor ciemny, od czarnego, bardzo ciemnoszarego lub brązowego. Gleby te charakteryzują się wysoką zawartością węgla organicznego oraz rozsądnym przyciąganiem magnetycznym.

Wysoka zawartość gliny w organosolach powoduje wysoką zdolność rozszerzania i kurczenia się (Vertisols). W okresach przedłużającej się suszy często obserwuje się w warstwie powierzchniowej obecność "pęknięć", z tworzeniem się mikrozestawów, wynikających z ruchów w masie gleby przez obecność gliny. W glebach badanych w Puszczy Atlantyckiej analiza tekstury wykazała przewagę organozoli gliniastych z udziałem procentowym gliny pomiędzy 46,4 a 47,2 (średnia 46,8, tabela 6.3, rysunek 6.5). Stosunek SiO2/Al2O3 (Ki) w organozolach wynosił od 1,59 do 1,63 (średnio 1,61). Wysoka zawartość OM w organozolach określa ich własne właściwości fizyczne, chemiczne i biologiczne. POC stanowił średnio 2,3% OM. Wysoki poziom Al i niskie wartości pH (3,69 do 3,86) mają niewielki wpływ na rozwój roślin ze względu na dużą moc buforowania OM.

W organozolach wysokie wartości nasycenia Al (m%) występują jednocześnie z wysokimi poziomami nasycenia Ca i Mg w kompleksie woda śródmiąższowa - gleba. Ocena odczynu glebowego i określenie poziomu żyzności gleby są ważnymi aspektami w działalności rolniczej, ale w przypadku Organozoli mają one szczególny charakter (PEREIRA *i in.*, 2005). W większości Organozoli obserwuje się wysoką kwasowość, przy wartościach pH pomiędzy 3,5 a 4,5. Jednak w odróżnieniu od gleb mineralnych, w Organozolach niskie pH związane jest głównie z zawartością kwasu organicznego oraz z obecnością siarczku żelaza i innych utleniających się związków siarki (ANDRIESSE, 1984; LUCAS, 1982; LEPSCH *et al.*, 1990), w odróżnieniu od gleb mineralnych, gdzie niskie pH związane jest głównie z zawartością Al. Są to gleby silnie kwaśne, których wartości sumy zasad (CECsum) są dość zróżnicowane, a także wartości nasycenia zasad (V%) ze względu na zróżnicowanie stężenia OM w profilu. W badanych miejscach CECsum i V z gleb typu OXy wahały się od 1,72 do 2,03 cmolc/kg (średnio 1,87 cmolc/kg) oraz odpowiednio od 12 do 12,5%. Wysokie nasycenie jonów Al3+ oznaczono na badanych glebach, wynoszące od 79,5 do 83,7% (średnio 81,6%). Wyniki te wpłynęły na efektywną pojemność kationowymienną (CEC), której obliczone wartości wynosiły od 6,16 do 7,14 cmolc/kg (średnio 6,65 cmolc/kg, tabela 6.4).

6.2.3 Glejusol

Słowo pochodzące z rosyjskiego *gley* oznacza masę ciastowatej ziemi, kojarzącej się z nadmiarem wody. Gleje są glebami słabo rozwiniętymi, położonymi na płaskim terenie, szczególnie na terenach zalewowych rzek lub w zagłębieniach, powstałych z osadów aluwialnych. W odniesieniu do drenażu, glejzole uważa się za słabo odwodnione, gdy woda jest usuwana z gleby tak powoli, że pozostaje wilgotna przez dużą część okresu. Zwierciadło wody znajduje się zazwyczaj na powierzchni lub w jej pobliżu przez znaczną część roku. Słabe warunki drenażu wynikają z wysokiego zwierciadła wody, wolno przepuszczalnej warstwy w profilu, dodawania wody poprzez wewnętrzne przesunięcie boczne lub ewentualną kombinację tych warunków. Częste jest występowanie cętkowania w profilu i cechy gleb ciastowatych (gleby ciastowate).

Wiele właściwości tej gleby jest również wspólnych dla Organosols i Planosols. Przykładem tego jest to, że na terenach podmokłych, głównie przybrzeżnych, zapach "zgniłego jaja" z uwolnionego gazu siarczkowego wskazuje na obecność gleb z metamorfizmem, charakterystycznym zarówno dla Gleysols jak i Organosols. Wysokie stężenie materii organicznej, częściowo lub całkowicie rozłożonej, na warstwach mineralnych, o wysokim stopniu połysku, nadaje Horyzontowi A ciemne zabarwienie. W tym stanie jony żelaza są w zredukowanej formie (Fe^{2+}). Powszechnie występują glejzole w połączeniu z planozolami i nitozolami (Structured Purple Earths) w horyzontach B i C. W tym stanie jony żelaza są w formie zredukowanej (Fe^{2+}). W zależności od stopnia porowatości większego lub mniejszego możliwe jest znalezienie gleb o barwie od żółtawej do czerwonawej, przy czym formy żelaza są odpowiednio zredukowane do utlenionej.

Właściwości mineralogiczne są dość zmienne ze względu na różnorodność materiałów litologicznych pochodzenia. Frakcja piaskowa tych gleb wskazuje na obecność kwarcu, biotytu i muskowitu, betonu żelaza i gliny oraz odłamków. Wśród minerałów ilastych wyróżnia się kaolinit. W rejonie Puszczy Atlantyckiej występują glejzole typu Haplic Dystrophic (GXb), o strukturze piaszczysto-gliniastej, z frakcją piaskową wahającą się od 48,3 do 55,8% (średnio 53,3%; Rysunek 6.5). Oznaczona zawartość OM była niższa niż w organozolach, przy średnim stężeniu POC wynoszącym 1,3% w Puszczy Atlantyckiej i 2,0% w glebach amazońskich. Mimo to pH gleby uznano za lekko kwaśne, ze średnią wynoszącą odpowiednio 3,99 i 3,65. W obu biomach obliczony stosunek SiO_2/Al_2O_3 (Ki) był bardzo wysoki, ze średnimi wartościami 2,3 (Las Atlantycki) i 2,6 (Amazonia) na A Horizon i blisko 2,1 na B Horizon, co sugeruje niski stopień rozwoju gleby, a nawet krótszy czas na przeprowadzenie procesów pedogenetycznych. Innymi słowy, gleby te charakteryzują się niewielkim stopniem wietrzenia lub brakiem wietrzenia. Gleje dysystroficzne haplicowe (GXb) wykazywały większy rozkład całkowity w stosunku do glejów eutroficznych (GXv).

Duża część Gleysols to gleby dystroficzne i haptyczne. Ostatecznie niektóre profile położone w obszarach skał podstawowych są eutroficzne, o wysokim nasyceniu jonu Na+. Gleby dystroficzne są silnie kwaśne, z dużym udziałem OM, co przyczynia się do wysokiego CEC. W regionie Mata Atlântica wartość sumy zasad (CECsum) wahała się od 1,20 do 1,79 cmolc/kg (średnio <2,0 cmolc/kg), a V była niższa niż 15%. Mimo to stan gleb zasadowych wskazywał na bardzo wysokie nasycenie Al (m%) (>79,9%), w wyniku czego CECe wynosiło od 6,10 do 6,79 cmolc/kg. Na glebach amazońskich dominował stan gleby eutroficznej, gdzie CECe wynosiło od 1,59 do 2,04 cmolc/kg, a nasycenie zasadowe (V%) było nieco wyższe i wynosiło średnio 16,1%. Na glebach amazońskich dominował również stan alicyjny, z m% zawartością od 62,5 do 64,9%. CEC było jednak niższe i wynosiło od 3,50 do 4,29 cmolc/kg (tabela 6.4). Było to prawdopodobnie spowodowane wysokim poziomem wietrzenia w regionie Amazonii, gdzie w systemie wodno-glebowym obecne są ługi Al3+.

6.2.4 Neosol

Słowo pochodzące z greckiego *neoos* sugeruje nową, nowoczesną glebę; kojarzącą się z młodymi glebami, na początku formacji. W odniesieniu do drenażu, te gleby są klasyfikowane jako nadmiernie odwodnione, z wodą usuwaną z gleby bardzo szybko. Gleby należące do klasy Neosol mają strukturę piaszczystą, zwłaszcza Neosole kwarcowe (RQ).

Na badanych glebach, zwłaszcza w rejonie Cerrado Puszczy Atlantyckiej, często obserwowano obecność neosoli typu Litolics (gleby litoralskie), płytkich, o zróżnicowanym stopniu kamienistości. Są to gleby o kamienistej nawierzchni, której nie da się łatwo usunąć. Neosol kwarcowy ma strukturę piaszczystą lub gliniastą, bez większego zróżnicowania wzdłuż profilu pionowego (bez Horyzontu B). Są to gleby głębokie i piaszczyste ze znaczną obecnością podstawowych minerałów o łatwym wietrzeniu. Piaski kwarcowe mogą stanowić ponad 80% tekstury, a w niektórych przypadkach nawet do 98% składników frakcji piaskowej. W analizowanych glebach w Puszczy Atlantyckiej dominowała konsystencja piaskowo-piaskowa lub bezpiaskowa, z frakcją piaskową od 75,2 do 76,5%. W Amazonii dominowały neosole o strukturze piaskowo-sypkiej, z frakcją piaskową od 76,6 do 77,3% (ryc. 6.5). Pozostałą część stanowią betony ilasto-gliniaste i gruz. Stosunek SiO2/Al2O3 (Ki) stwierdzony w punktach objętych próbą w Lesie Atlantyckim wynosił 0,9 w A Horizon, a w C Horizon gwałtownie spadał. W Amazonii średni współczynnik Ki wynosił 1,27, również z drastyczną redukcją w głębszych warstwach.

Struktura tych gleb jest bardzo słaba, mało ziarnista, o masywnym wyglądzie i prostych ziarnach. Ubarwienie jest dość zmienne, z odcieniami żółtawymi lub czerwonawymi, w zależności od rodzaju występującego tlenku żelaza. Są to gleby bardzo przepuszczalne, praktycznie pozbawione struktury, o bardzo niskiej zdolności zatrzymywania wilgoci.

W regionie Amazonii można zaobserwować obszary występowania wraz z małą roślinnością w środowisku, w tym Campinaranas (False Campinas) i Campos Cerrados, lub konsorcja tych ekosystemów. Charakterystykę tę zaobserwowano również na glebach klasy Plinthsols o strukturze piaszczystej średniej Lasu Atlantyckiego.

Biorąc pod uwagę silne odwodnienie tych gleb, ich naturalna żyzność jest bardzo niska, z uogólnionym niedoborem składników odżywczych. Są to gleby silnie kwaśne, o niskim stężeniu OM. Średnie poziomy POC wynosiły 1,4% w Lasie Atlantyckim i 0,8% w Amazonii. CECsum był bardzo niski i wynosił odpowiednio 0,66 i 1,13 cmolc/kg, co wskazuje na cechy dystroficzne. Saturacja podstawowa (V) wynosiła 12,4% dla neosoli w regionie południowo-wschodnim i 15,4% dla neosoli w Amazonii. Masowe nasycenie Al (m%) było wyższe niż 50% w obu biomach, od 57,0 do 65,9% w Lesie Atlantyckim i od 65,8 do 67,1% w regionie Amazonii. Niemniej jednak procesy erozji wodnej i wypłukiwania są w tych glebach bardzo wyraźne, a ich wynikiem są bardzo niskie poziomy CEC, ze średnią 1,56 i 3,60 cmolc/kg.

6.2.5 Cokół

Słowo pochodzące z *cokołów* greckich, sugeruje "płytkę" lub odnosi się do materiałów glinianych i kolorowych, które twardnieją po odsłonięciu. Zgodnie z nową klasyfikacją gleb brazylijskich, Plinthsols zawierał duże grupy Litoplintyków i Concrecionary. Cokoły charakteryzują się przede wszystkim obecnością wyraźnych plam w plamach, nadających płytce lub mozaikowatość, w zależności od obecności i ilości betonu żelaznego. Cokoły haplicowe, które prezentują ograniczony drenaż, mają jako cechę diagnostyczną obecność horyzontu plamistego, którego główną cechą fizyczną jest obecność zróżnicowanych i cętkowanych kolorów, złożonych z kilku odcieni czerwieni. Tony te różniły się jeszcze od odcieni czerwieni do szarości.

Uważa się je za niedoskonale osuszone gleby, których woda jest powoli usuwana z gleby, tak że pozostaje wilgotna przez znaczny okres, ale nie bardzo długo. Gleby z tą klasą melioracyjną mają zazwyczaj powolną warstwę przepuszczalności, z wysokim zwierciadłem wody i dodawaniem wody poprzez wewnętrzne przesunięcie boczne. Zazwyczaj mają one pewne pęcherzyki redukcyjne w profilu i można zauważyć ślady błyszczenia (gleby pastowe). Niektóre podklasy Plinthsols są podobne do Planosoli.

Plinthsols zostały zaobserwowane w kilku obszarach Amazonii, rozciągających się na północny wschód (stan Piauí i Maranhão). W Amazonii obserwowano go w regionie, w którym znajduje się Wyspa Marajó, w Zatoce Maranhense, na południe od Piauí i w środkowej Amazonii, na którą regularnie wpływają okresy powodziowe kanału rzeki Amazonki. Petrics Plinthsols, z glebami współbieżnymi lub laterytmicznymi współbieżnymi, charakteryzują się zazwyczaj lepszym odwodnieniem i charakteryzują się obecnością w profilu pionowym horyzontów współbieżnych i/lub litoplinetycznych. Gleby te mają jednak bardziej ograniczone występowanie do płaskowyżów, niektórych płaskowyżów i obszarów jodłowych Terra w Amazonii. Są one wykorzystywane wyłącznie do ekstensywnego wypasu pod roślinnością polną lub polną, lub na pastwiskach obsadzonych rustykalnymi gatunkami roślin pastewnych.

Ze względu na zróżnicowany skład piasku i gliny Plinthsols mają różną wielkość ziaren, z teksturą od gliniasto-piaszczystej do ilasto-gliniasto-piaszczystej na powierzchni i gliniastej w warstwach podpowierzchniowych. Ten wzrost gliny występuje nieregularnie, w miejscach, zwłaszcza w Horyzoncie B. Struktura waha się od słabej do umiarkowanej. Obliczony stosunek SiO_2/Al_2O_3 (Ki) wyniósł średnio 1,85 ze względu na obecność krzemianowych form mineralnych. Są to gleby lekko kwaśne (pH pomiędzy 5,3 a 5,5). Ze względu na zróżnicowaną strukturę, występują różnice w wartościach sumy zasad (CECsum) i nasycenia zasad (V%). CECsum był jednak na ogół niski (3,80 cmolc/kg), a V, w większości profili, wynosił 19,6%, co charakteryzuje te gleby jako gleby średnie do lekko dystroficzne. Wartości nasycenia Al (m%) wahały się w granicach 25%, a CEC wynosił 12,57 cmolc/kg (tabela 6.4).

6.2.6 Argisol

Gleby o etymologii pochodzą z *argilii* łacińskiej, co oznacza gleby z procesem akumulacji gliny. Na ogół są to gleby o gęstszym podpowierzchniowym horyzoncie pedogenetycznym, bardzo odporne, od twardych do bardzo twardych w stanie suchym, kruchych lub twardych w stanie wilgotnym. Argizole uważa się za gleby umiarkowanie lub dobrze zdrenowane, gdzie woda jest łatwo usuwana z gleby, ale nie szybko. Gleby z tą klasą drenażu mają zwykle strukturę gliniastą lub średnią i mogą mieć bardzo gliniastą strukturę. W warunkach naturalnych są one na ogół masywne lub z tendencją do blokowania formacji, nie występują w nich pęcherzyki. Jednak w przypadku obecności pęcherzyków

(obecność plam), wzór ten jest głęboki, zlokalizowany od szczytu Horyzontu B do Horyzontu C. W niektórych próbkach gleby zaobserwowano wyraźne różnice w teksturze między poziomami A i B. W analizowanych próbkach subtelnie dominowała frakcja ilasta w stosunku do frakcji piaskowej, średnio 46,5% gliny do 43,0% piasku. Średnia zawartość POC wynosiła 1,8%, a pH 5,21 (tabela 6.3 i rysunek 6.5).
Argizole są powszechnie spotykane w odległości od 30 do 70 cm od powierzchni gleby i mogą rozciągać się na Bw Horizon. Są to gleby bardzo spoiste, które po zanurzeniu w wodzie ulegają szybkiemu rozkładowi. Zwłaszcza żółte argizole mają podobne właściwości fizyczne jak oksytole i nitozole. Rozróżnienie pomiędzy Argizolami i Nitozolami polega np. na zawartości gliny, gradiencie teksturalnym i zróżnicowaniu kolorystycznym profilu (polichromia).
Alitic Red Argisol w połączeniu z Haplic Dystrophic Plinthsol i Dystrophic Yellow Latosol prezentuje teksturę gliniastą do średniej, typowo dystroficzną A umiarkowaną, charakterystyczną dla podleśnych lasów tropikalnych z gładką pofałdowaną rzeźbą terenu. W niektórych przypadkach zaobserwowano profil z teksturą B Horizon. W sekwencji poziomów widoczne jest wyraźne zróżnicowanie tekstury, barwy i struktury, z nagłymi przejściami z poziomu A do poziomu B. Struktura jest słaba do umiarkowanej, w najbardziej powierzchniowej warstwie od małej do średniej ziarnistości.

Dostępność składników odżywczych i jonów w tych glebach jest związana z charakterem materiału źródłowego. Profile utworzone z kwaśnych skał są dystroficzne i alityczne. Natomiast profile wytworzone ze skał pośrednich lub zasadowych są eutroficzne, z dużym zapasem składników jonowych. Na obszarach objętych próbą w regionie Amazonii, CECsum i V były od niskich do bardzo niskich, charakteryzując gleby jako dystroficzne. Wartości CECsum i V wahały się między 1,29 a 1,55 cmolc/kg oraz między 17,6 a 20,5%. Średnie wartości CEC wynosiły 3,50 cmolc/kg, co było wartością bardzo niską, choć nasycenie A1 było wysokie, pomiędzy 61,5 a 66,0% (tabela 6.4). Chociaż Argizole z Amazonii są uznawane za gleby alityczne, o nasyceniu powyżej 50%, niskie CECe, szczególnie w A Horizon, sugeruje utratę jonów w wyniku ciągłego procesu wymywania.

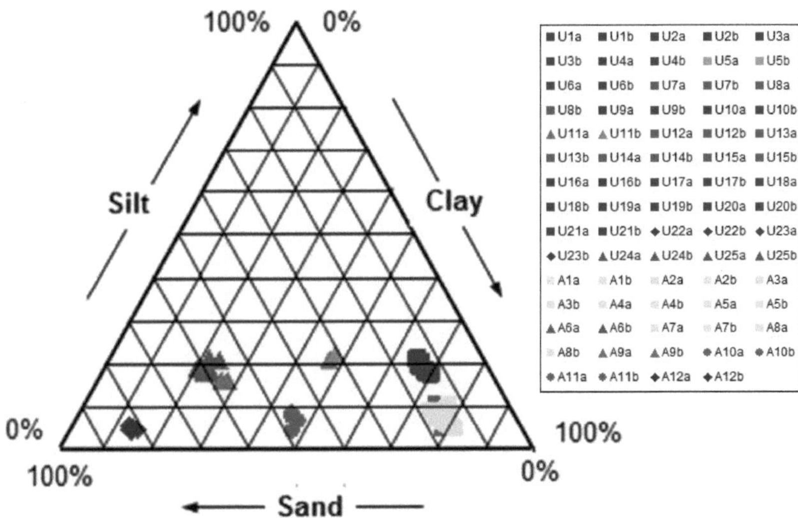

Rysunek 6.5: Analiza granulometryczna gleb, z których pobrano próbki za pomocą trójkąta owczego.

Tabela 6.3: Zawartość POC i analiza tekstury gleb Lasu Atlantyckiego i Lasu Amazońskiego w próbie (wartości minimalne, maksymalne i średnie).

Obszar	Gleba	POC	Tekstura	George Sand	Muł	Glina
		(%)		(%)	(%)	(%)
Las Atlantycki	LVA	2.4	Bardzo glina	9.3	17.9	60.8
		2.8	Bardzo glina	10.9	22.2	67.8
		2.6	Bardzo glina	10.2	19.5	64.6
	LVd	1.8	Bardzo glina	10.8	5.9	72.3
		2.6	Bardzo glina	14.1	11.3	77.2
		2.1	Bardzo glina	12.6	9.1	75.3
	Oxy	2.2	Glina	26.3	22.3	46.4
		2.4	Glina	28.7	23.6	47.2
		2.3	Glina	27.5	23.0	46.8
	GXb	1.2	Piasek mułowy	48.3	19.1	23.4
		1.4	Piasek mułowy	55.8	20.8	24.9
		1.3	Piasek mułowy	53.3	19.6	24.1
	RQo	1.3	Sandy-silt	75.2	5.6	14.8
		1.5	Sandy-silt	76.5	6.7	16.8
		1.4	Sandy-silt	75.8	6.0	15.5
Las Amazoński	LAd	2.1	Bardzo glina	9.7	5.5	72.3
		2.3	Bardzo glina	14.5	11.2	78.1
		2.2	Bardzo glina	12.3	8.1	74.7
	FX	1.3	S-C-Sy*	51.3	16.9	27.7
		1.6	S-C-Sy*	52.2	17.4	28.6
		1.5	S-C-Sy*	51.8	17.2	28.2
	PVA	1.7	Glina	42.2	5.1	45.4
		1.9	Glina	44.8	9.3	47.8
		1.8	Glina	43.0	7.7	46.5
	GXv	1.9	S-Sy-C*	52.4	19.9	21.5
		2.0	S-Sy-C*	55.8	22.4	22.6
		2.0	S-Sy-C*	54.1	21.2	22.1
	RYve	0.7	Piasek mułowy	76.6	5.5	15.8
		0.9	Piasek mułowy	77.3	6.3	16.1

		0.8	Piasek mułowy	77.0	5.9	16.0

*S-C-Sy= mułowo-gliniasto-piaszczysta ziemia; S-Sy-C= mułowo-piaszczysto-gliniasta ziemia.

Tabela 6.4: Analiza struktury kationowej gleb Lasu Atlantyckiego i Lasu Amazońskiego, z których pobrano próbki (wartości minimalne, maksymalne i średnie).

Obszar	Gleba	CECsum	CECe	V	m
		(cmolc/kg)	(cmolc/kg)	(%)	(%)
Las Atlantycki	LVA	1.45	2.33	17.7	39.2
		4.41	5.71	40.3	54.3
		2.63	3.71	28.0	48.2
	LVd	1.86	2.74	39.5	28.2
		4.92	5.71	63.8	48.7
		3.02	3.96	50.2	37.9
	Oxy	1.72	6.16	12.0	79.5
		2.03	7.14	12.5	83.7
		1.87	6.65	12.2	81.6
	GXb	1.20	6.10	10.9	79.9
		1.79	6.79	16.0	84.6
		1.60	6.54	14.1	83.3
	RQo	0.53	1.23	11.2	57.0
		0.82	1.92	14.0	65.9
		0.66	1.56	12.4	61.5
Las Amazoński	LAd	0.27	1.39	3.5	73.2
		0.59	1.75	7.5	79.9
		0.38	1.55	5.3	76.4
	FX	3.60	11.93	19.5	22.7
		4.00	13.21	19.6	26.3
		3.80	12.57	19.6	24.5
	PVA	1.29	3.05	17.6	61.5
		1.55	4.49	20.5	66.0
		1.43	3.71	19.2	63.5
	GXv	1.59	3.50	14.8	62.5
		2.04	4.29	17.3	64.9
		1.82	3.90	16.1	63.7
	RYve	0.79	3.17	11.8	65.8
		1.47	4.03	19.0	67.1
		1.13	3.60	15.4	66.5

6.3 Zależność między pH a zawartością OM

Ważnym aspektem dynamiki kationowej w roztworze glebowym jest działanie pozostałości organicznych na ruch kationowy. W wyniku powstawania rozpuszczalnych w wodzie kompleksów Ca2+ lub Mg2+, wynikających z zaawansowanego stanu rozkładu OM, następuje zmiana w kationie, która ułatwia jego pionowe przemieszczanie się w profilu glebowym. W warstwach podpowierzchniowych jony te są przemieszczane w obecności wymiennego Al3+, ze względu na większą stabilność kompleksu Al-OM w stosunku do kompleksów organicznych powstałych z jonów Ca2+ i Mg2+. To preferencyjne skojarzenie z aluminium powoduje wzrost pH roztworu, zmniejszając kwasowość wymienną. OM wpływa na rozpuszczalność jonu Al3+ w poziomach powierzchniowych gleby (WALKER *i in.*, 1990). Zdaniem autorów, równowaga rozpuszczalności Al zależy od pH roztworu i ilości OM nasyconego jonem. Istnieją mocne dowody, że przy pH poniżej 5,0 stężenie monomerów Al w roztworze glebowym jest kontrolowane w znacznie większym stopniu przez zawartość OM niż przez minerały i związki nieorganiczne (MULDER & STEIN, 1994). Ogólnie rzecz biorąc, w glebach kwaśnych na kompleksowanie kationów, zwłaszcza Al, z OM wpływa działanie kwasów organicznych i hydroliza kwasów katalizowanych. Według DRISCOLLL *et al.* (1985), w glebach o niskim lub neutralnym pH mobilność kationów (Ca2+ i Al3+) oraz rozpuszczalność krzemianu (H3SiO4-) są minimalne, a kompleksy organiczne stają się stosunkowo niestabilne.

Struktury organiczne wykazują różnorodne powiązania z kationami, zwłaszcza z Al. Jednak tylko DOC nie rozróżnia pomiędzy spoiwami o niskiej i wysokiej masie cząsteczkowej (SALET *i in.*, 1999). Gleby wykazujące szybką dynamikę rozkładu, jak w przypadku gleb jodłowych Terra z Amazonii, mają więc w DOC główną formę kompleksacji kationowo-OM, odpowiedzialną za pionową dynamikę jonów w układzie.

Odczyn gleby ma istotny udział w tworzeniu się par jonowych (rysunek 6.5), a także w wytrącaniu się kationów, zwłaszcza form hydroksylowanych. Stopień toksyczności gleby przez kationy takie jak Al3+ zależy od pH roztworu, który kontroluje kompleksowanie Al z krzemianami wapnia i magnezu. Oprócz pH i obecności różnych frakcji związków organicznych, ZAMBROSI (2004) podkreśla znaczenie fluorków w dynamice pierwiastków kationowych.

Metody oznaczania pH w wodzie, KCl, CaCl2 i pH SMP mogą być stosowane do wyrażania kwasowości gleb. Kwasowość gleby dzieli się na trzy składniki: 1) kwasowość czynna, która odpowiada aktywności jonów H+ w roztworze i jest określana za pomocą potencjometru lub pehametru; 2) kwasowość wymienna, która zwykle odpowiada ilości Al3+ adsorbowanej na powierzchni koloidów glebowych (patrz pkt **6.1**); oraz 3) kwasowość potencjalna, która odpowiada sumie kwasowości wymiennej z jonami H+ adsorbowanymi na powierzchni koloidów, przy użyciu roztworu buforowego.

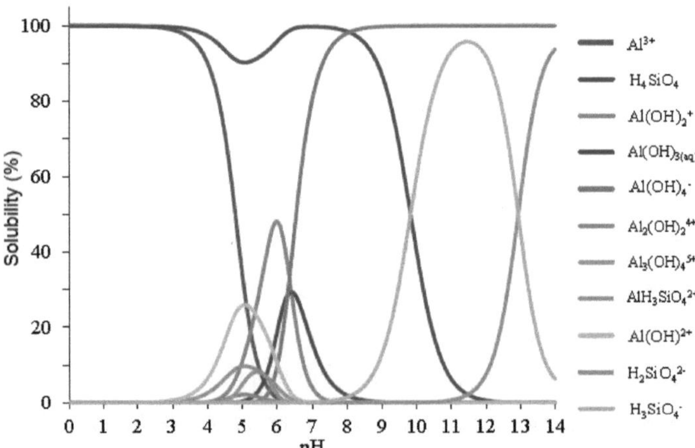

Rysunek 6.6: Rozkład frakcji Al i Si w funkcji pH. Źródło: GUSTAFSSON, 2013 - zmodyfikowany.

Zachowanie pH oznaczonego w wodzie, KCl, CaCl2 i pH SMP wykazywało niewielkie lub średnie wahania, w zależności od rodzaju gleby, a zwłaszcza od stosunku OM do gliny. Mimo to, tendencje krzywych pH dla każdej z metod oznaczania kształtowały się według określonego schematu zachowania. Ogólnie rzecz biorąc, mierzone w wodzie pH miało najwyższe wartości bezwzględne w porównaniu z innymi metodami, w zakresie od 3,51 do 5,50. Zgodnie z oczekiwaniami, najniższe wartości pH obserwowano w organozolach i glejazolach, a najwyższe - w latozolach czerwieni dystroficznej (LVd) i w haplicycznych kotłach dystroficznych (FX), przy wartościach od 5,30 do 5,50. Najniższe wartości bezwzględne pH oznaczono metodą pH z CaCl2. Uważa się, że dysocjacja wapnia i chloru w kontakcie z próbką gleby indukowała wymianę kationową ze względu na większe stężenie jonów Ca2+, uwalniając jony H+ i Al3+ do roztworu, co w konsekwencji powodowało wzrost kwasowości. To samo wyjaśnienie można zastosować w przypadku oznaczania pH metodą KCl, w tym przypadku z uwalnianiem jonów K+. Analiza korelacji pomiędzy parami zastosowanych metod (rysunek 6.7) i odpowiednimi współczynnikami korelacji oraz równanie proste (tabela 6.5) pokazują wrażliwość każdej z metod, w zależności od rodzaju gleby, z której pobierane są próbki. Współczynniki korelacji pomiędzy wartościami pH poszczególnych zastosowanych metod były bardzo istotne przy *p* <0,001 (tabela 6.5). Test hipotezowy (H0:), który ustala równość średnich całkowitych uzyskanych dla każdego protokołu oznaczania pH, został poddany analizie za pomocą testu t (tab. 6.5). Średnie całkowite dla każdej metody oznaczania pH wynosiły: pH H2O= 4,84; pH KCl= 4,09; pH SMP= 4,32 i pH CaCl2= 3,40. Wyniki do badania *t* (tab. 6.5) wskazują na wartości obliczone *t* większe od wartości krytycznych *t*, otrzymanych w tabeli (t=α i df=1,96). Stwierdza się zatem, że istnieje prawdopodobieństwo, że mniej niż 5% środków należy do tego samego rozkładu, innymi słowy, cztery metody różnią się od siebie z punktu widzenia uzyskanych wyników.

W niniejszej pracy uzyskano najbardziej istotny współczynnik korelacji pomiędzy oznaczaniem pH w wodzie a 1mol/L KCl (r= 0,9501). Najmniejsze współczynniki korelacji dotyczyły 0,01 mol/L CaCl2. Uzyskane współczynniki wahały się jednak od 0,85 do 0,91, które były bardzo dobre, nadając metodom dużą wiarygodność. Według RAIJ *et al.* (2001) wartości pH w 0,01 mol/L CaCl2 są o około 0,5 jednostki niższe w stosunku do pH w wodzie, natomiast w glebach mineralnych różnica ta wynosi około 0,6 jednostki. Dla kilku autorów pH w CaCl2 jest uważane za dokładniejsze określenie niż pH w wodzie, reprezentowane przez aktywność jonową w roztworze glebowym, na którą dość duży wpływ mają niewielkie ilości rozpuszczonych soli obecnych w glebie (SCHOFIELD & TAYLOR, 1955; DAVEY & CONYERS, 1988). Inni autorzy preferują jednak oznaczanie pH gleby w KCl, sugerując, że zastosowanie roztworu soli fizjologicznej byłoby skuteczne przy oznaczaniu pH w glebach organicznych (LEPSCH *i in.*, 1990). DOLMAN & BUOL (1967) uważają, że pH w glebach organicznych zależy od takich czynników, jak hydrolizowalny Al, drenaż gleby i obecność wolnych kwasów organicznych, a także od wyboru metody oznaczania.

W przypadku składników organicznych znaczna część kwasowości wynika prawdopodobnie z zakłóceń podczas procesu ekstrakcji Al3+ i H+ przez roztwór soli 1 mol/L KCl. Według RAIJ *et al.* (1982), ta ekstrakcja jonów Al3+ i H+ odbywa się z organicznych cząsteczek rodników karboksylowych i fenolowych, pochodzących z matrycy organicznej. W przypadku Organozoli i Gleizoli, których niskie pH jest związane głównie z zawartością kwasów organicznych i obecnością siarczków, według CAMARGO *i wsp.* (1986), kwasowość wynikająca z tworzenia się horyzontu siarkowego jest miareczkowana bez różnicowania i stosowane są tradycyjne metody. W przypadku TIE & KUEH (1979) pH i siła buforowania roztworu mają zasadnicze znaczenie dla określenia potencjalnej kwaśności gleb, zwłaszcza organicznych.

Według GALVÃO & VAHL (1996), w glebach o wysokiej kwasowości możliwe jest, że zdolność buforowania jest wystarczająco duża, aby pokonać siłę buforowania roztworu SMP w kontakcie z próbką gleby, i w ten sposób cała kwasowość gleby może zostać zneutralizowana.

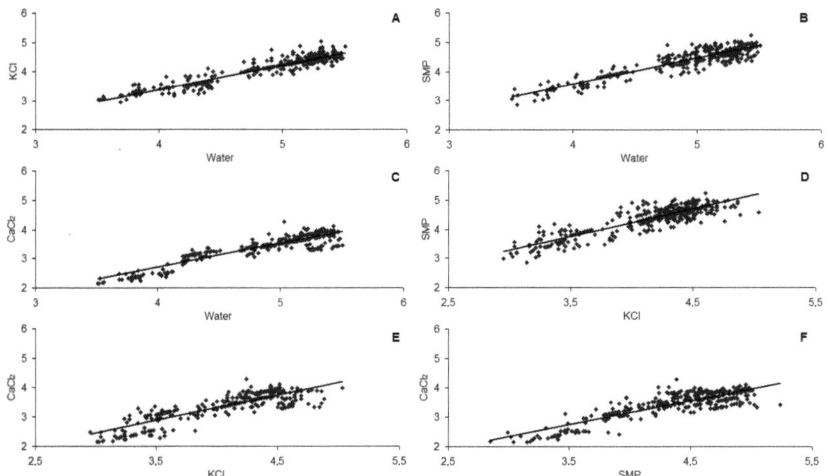

Rysunek 6.7: Analiza korelacji dla metod oznaczania pH badanych gleb (*n*= 444).

Tabela 6.5: Współczynniki korelacji i obliczone zmienne dla metod analizy pH w badanych glebach (*n*= 444; *df*= n-2).

	r	r2 calc	r2	|*t*|	*p*	*a**	*b**
H2OxKCl	0.9501	0.9027	0.9026	63.98	<0.001	0.843	0.011
H2OxSMP	0.9346	0.8735	0.8734	55.15	<0.001	0.883	0.041
H2OxCaCl2	0.9157	0.8385	0.8385	48.02	<0.001	0.818	-0.563
KClxSMP	0.8946	0.8003	0.8003	42.04	<0.001	0.953	0.418
KCl xCaCl2	0.8510	0.7242	0.7242	34.10	<0.001	0.857	-0.109
SMPxCaCl2	0.8590	0.7379	0.7378	35.33	<0.001	0.812	-0.107

*współczynnik równania liniowego; zaznaczone korelacje są istotne przy *p* <0,05.

W tabeli 6.6 przedstawiono analizę korelacji pomiędzy różnymi metodami oznaczania pH gleby a poziomami OM, POC, Al3+ wymiennego i ekstraktywnego H+. Wyniki wskazują na słabe i bardzo słabe korelacje pomiędzy pH a OM i POC. Test rozkładu *t*, którego wartości w module były dość zmienne, sugeruje, że hipoteza H0, mówiąca o tym, że środki na grupę są równoważne, jest przyjęta między pH a związkami organicznymi (OM i POC) i obalona dla jonów H+.

Tabela 6.6: Współczynniki korelacji i zmienne obliczone dla wartości pH i OM, OC, wymiennego Al3+ i ekstraktywnego H+ (*df*= n-2).

	n	r	r2	|*t*|	*p*	*a**	*b**
pHH2OxOM	444	0.0502	0.0025	1.06	0.293	0.093	3.690
pHKClxOM	444	0.0698	0.0049	1.47	0.144	0.146	3.544
pHSMPxOM	444	0.1148	0.0132	2.44	0.016	0.226	3.167
pHCaCl2xO	444	0.2178	0.0474	4.69	<0.001	0.454	2.601
pHH2OxPO	444	-0.0128	0.0002	0.27	0.787	-0.012	2.205
pHKClxPOC	444	0.0113	0.0001	0.23	0.816	0.012	2.100
pHSMPxPO	444	0.0555	0.0031	1.18	0.239	0.054	1.914
pHCaCl2xP	444	0.1601	0.0256	3.40	0.001	0.165	1.586
pHH2OxAl	74	-0.2230	0.0497	1.94	0.056	-0.720	5.199
pHKClxAl	74	-0.2004	0.0402	1.73	0.088	-0.761	4.823
pHSMPxAl	74	-0.2105	0.0443	1.84	0.070	-0.715	4.788
pHCaCl2xAl	74	-0.4191	0.1757	3.90	<0.001	-1.502	6.806
pHH2OxH	74	-0.5627	0.3166	5.77	<0.001	-2.160	15.318
pHKClxH	74	-0.5122	0.2624	5.05	<0.001	-2.312	14.311
pHSMPxH	74	-0.5180	0.2683	5.13	<0.001	-2.089	13.856
pHCaCl2xH	74	-0.5286	0.2795	5.28	<0.001	-2.251	12.490

*coefficients of the line equations.

6.4 Zależność między pH a składem jonowym

Ogólnie rzecz biorąc, pH w większości gleb brazylijskich mieści się w przedziale od lekko kwaśnego do kwaśnego (między 3,7 a 5,5), a w tych warunkach Al3+ jest dominującym kationem w tych glebach, według ABREU Jr. *et al.* (2003). Wśród średnich i wysokich stężeń Al ma tendencję do bycia toksycznym, zakłócając wzrost korzeni roślin, a w konsekwencji zdolność i szybkość wchłaniania kationów przez korzenie. Toksyczność Al w połączeniu z niedoborem Ca2+ w niektórych glebach ogranicza wydajność upraw, zwłaszcza na glebach kwaśnych. W glebach bogatych w materię organiczną (OM), o dużej zawartości rozpuszczonego węgla organicznego (DOC), Al naturalnie wiąże się z cząsteczkami organicznymi, tworząc kompleks w zastępstwie utraty protonów H+ z hydroksylów (patrz model Rys. 6.1). Stosunek Al-DOC jest zmienny w zależności od zawartości OM i pH roztworu glebowego. Wpływa również na objętość aktywności mikrobiologicznej obecnej w glebie. Kompleksacja ta zakłóca rozpuszczalność Al w układzie woda-roślina, podobnie jak pH zakłóca jego rozpuszczanie. Według danych GRANDSTAFF (1986), kompleksy rozpuszczalne w Al zmniejszają aktywność monomerów Al i przyspieszają rozpuszczanie krzemianów poprzez zmniejszenie prędkości opadów odwrotnych (rysunek 6.8).

Al w środowisku kwaśnym jest najlepiej w postaci Al3+. Gdy gleba znajduje się w bardzo kwaśnym środowisku (pH <4,0), Al rozpuszcza się z nierozpuszczalnych związków, a po uwolnieniu ma tendencję do wytrącania się w roztworze glebowym i pozostaje adsorbowany do cząstek koloidalnych. Al3+ występuje jako składnik różnych skrystalizowanych krzemianów glinu w połączeniu z $Al(OH)_3$ (baierit, gibbsit i norstrandit), a także tlenków i wodorotlenków (boehmit i diaspora) oraz innych niekrzemianowych minerałów (DRISCOLL i POSTEK, 1996). W tych warunkach mineralizacji Al zazwyczaj nie jest reaktywny w reakcjach chemicznych i biologicznych. Jednak w postaci $Al(OH)_3$ z erozji mineralnej jako gibbsyt, cząsteczka ta jest silnie zjonizowana w roztworze w glebie, a jej stężenie jest zależne od pH ośrodka. Badania laboratoryjne wykazały, że Al3+ wykazuje wyższą rozpuszczalność przy silnie kwaśnym pH (pH ~3,0). Z drugiej strony, formy jonizowalne $Al(OH)_3$ takie jak $Al(OH)_{2+}$ i $Al(OH)^{2+}$ wykazywały większą mobilność w roztworze odpowiednio pomiędzy pH 5,0 i 7,0 oraz pomiędzy pH 4,0 i 6,0.

Procesy wietrzenia minerałów i rozkład cząsteczek organicznych są źródłem Al3+ dla roztworu glebowego, w naturalny sposób zależny od pH ośrodka. Na powstawanie tlenków Al w glebie wpływają z kolei kwasy organiczne, jak HUANG *i wsp.* (2002), co zostało potwierdzone w niniejszej pracy. W glebach kwaśnych Al3+ będzie zajmował wysoki udział w miejscach występowania kationów wymiennych na powierzchni cząstek koloidalnych (rysunek 2.7). W minerałach Al jest silnie adsorbowany na powierzchni minerałów krzemianowych lub przez nierozpuszczalne kompleksy humusowe z powolnym CEC.

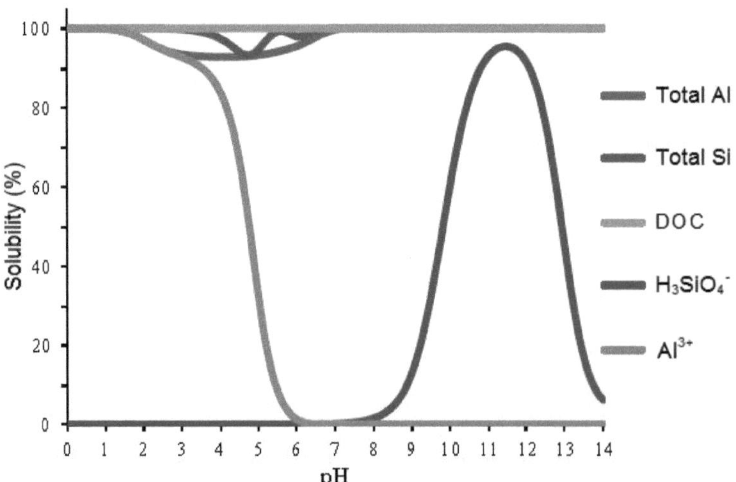

Rys. 6.8: Rozpuszczalność Al i Si ogółem i wymienialność w funkcji zmiany pH. Źródło: GUSTAFSSON, 2013 - zmodyfikowany.

Jak już sugerowano, analiza Pearsona wykazała dobrą korelację między pH a wolnymi jonami H+ w próbkach gleby. Wartości kwasowości potencjalnej, określone przez sumę jonów H+ i Al3+, zostały zaklasyfikowane jako gleby LVA, LAd, PVA, RQ i RY, a wysokie - jako gleby FX, OX i GX, a w Plinthsols (FX) kwasowość potencjalna wahała się od 14,8 do 16,4 cmolc/kg. Według DOLMAN & BUOL (1967) zawartość H+ w dobrze odwodnionych glebach humusowych może wynosić od 0 do 2,5 cmolc/kg, a w glebach organicznych o niskim odwodnieniu zawartość H+ może wynosić od 2,0 do 12,0 cmolc/kg. Ogólnie rzecz biorąc, większość kwasowości wymiennej uzyskiwanej za pomocą KCl w glebach mineralnych powstaje w wyniku hydrolizy Al3+. W przypadku gleb organicznych jest jednak prawdopodobne, że duża część tej kwasowości wynika z zawartości H+. Poziom Al w badanych glebach nie był wysoki, co potwierdza hipotezę, że kwasowość w glebach organicznych (OX, GX i FX) wynika głównie z ekstrahowalnego protonu z hydrolizy związków organicznych, w tym siarki.

W glebach organicznych oczekiwano istotnej korelacji pomiędzy OM i dodatnim ekstraktywnym H+ (p <0,05). Mimo że korelacja była dodatnia, nie była ona bardzo istotna, z odchyleniem R2= 0,307. Można oszacować, że od 30 do 40% przypadków, im większa zawartość OM w glebach organicznych, tym kwasowość jest większa. Potencjalną kwaśność gleby, mierzoną zawartością ekstraktywnego H+ + Al3+ przy pH neutralnym (pH= 7), można określić za pomocą pH SMP, które według RAIJ & QUAGGIO (1983) jest prostsze i łatwiejsze w obsłudze niż metoda KCl.

Kilka parametrów może wpływać na korelację i podobieństwo między potencjalną kwasowością a wymienną zawartością aluminium i wodoru. Wśród tych parametrów, ESCOSTEGUY i BISSANI (1999) wskazują na granulometrię, teksturę, rodzaj minerału, zawartość i rodzaj OM i pH gleby. SILVA *et al.* (2002), stosując pH SMP do oszacowania potencjalnej kwaśności w glebach północnego regionu stanu Minas Gerais, zweryfikowali, że zastosowanie równań zaproponowanych dla innych regionów Brazylii może spowodować przeszacowanie ilości H+ + Al3+, przypisując glebie najniższe potencjalne wartości kwaśności niż oczekiwano. Proces analityczny służący do określenia zarówno pH, jak i wymiennego H+ może również fałszować wyniki. Według JACKSONA (1963), im silniejszy jest receptor protonowy, lub im słabszy kwas zastosowany do ekstrakcji, tym większa jest ilość H+ ekstrahowanego z gleby.

6.5 Stężenie CEC i OM

Na zawartość CEC ma wpływ zawartość OM w glebie, a obniżenie CEC można przypisać zmianom OM i pH (patrz rys. 6.9), szczególnie na zmienionych obszarach (odmianach lub spalonych) przez długi czas. Na obszarach zagospodarowywanych poprzez konwencjonalną uprawę lub ponowne zalesianie zaobserwowano wpływ spalania na wartości OM, a w konsekwencji CEC, co zostało wykazane przez CENTURION *et al.* (2001). Udział OM w zawartości CEC w glebach tropikalnych oszacowano na 56-82% CEC według RAIJ (1981), co sprzyja zatrzymywaniu kationów i zmniejsza straty wymywania.

Istnieje duża bezpośrednia korelacja między zawartością OM a CEC gleby, na którą silny wpływ ma głębokość i wielkość warstwy gleby (horyzont) oraz warunki klimatyczne, do których należą opady deszczu, erozja i wymywanie. Spadek zawartości OM w glebie z rodzimym lasem, szczególnie zamkniętym, jak w przypadku miejsc poboru próbek w Terra jodła, w porównaniu z glebą zmienioną, na przykład - glebą uprawną, wynika ze wzrostu rozkładu OM ustabilizowanego na skutek braku równowagi upraw (SANCHEZ, 1976). Wysoko zwietrzałe regiony gleb tropikalnych wykazują całkowite lub potencjalne CEC (CECp - poz. **2.3**) silnie zależne od materii organicznej, a utrzymanie lub zwiększenie zawartości OM ma zasadnicze znaczenie dla retencji składników odżywczych i ograniczenia strat wypłukiwanych (BRADY, 1989). Tendencję tę zaobserwowano w kilku miejscach, z których pobrano próbki w glebach amazońskich obszaru zalewowego, ze względu na skutki pulsu powodziowego rzek w tym regionie. Kilka badań wykazało bezpośrednią korelację pomiędzy OM i CEC w glebach (BRADY, 1989; CANELLAS *et al.*, 2003; FALLEIRO *et al.*, 2003).

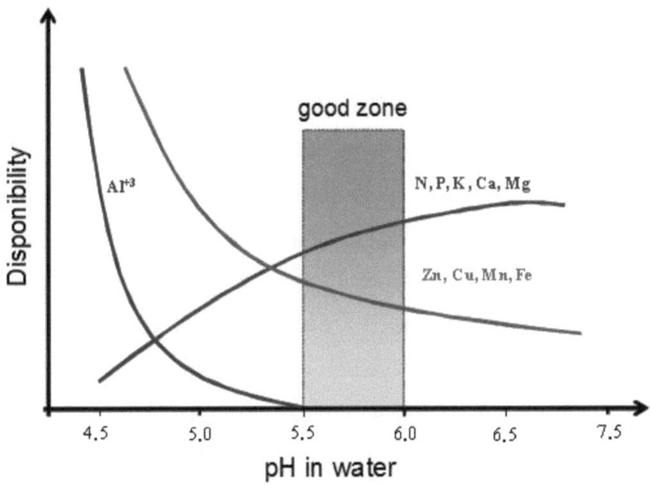

Rysunek 6.9: Zależność między pH a dostępnością składników pokarmowych. Źródło: Sousa *et al.*, 2007 - zmodyfikowany.

Stężenia węgla i OM w glebach amazońskich są silnie związane z rozkładem stężeń gliny, co można zaobserwować w danych z mapowania gleby w Ameryce Łacińskiej (DIJKSHOORN *i in.*, 2005). Ponadto w regionach, w których nie występuje pora sucha w basenie, obserwuje się korelację przestrzenną między glebą całkowitą a organiczną. Obszary te charakteryzują się wyższym udziałem węgla w glebie, co może być również związane z szybszym obiegiem składników leśnych (ściółki) zwiększającym stężenie węgla w glebie. Kolejnym elementem skorelowanym z przestrzennym rozmieszczeniem OM i gliny gleb amazońskich jest azot, uważany za czynnik ograniczający rozwój roślinności w lasach umiarkowanych, ale nie w lasach tropikalnych.

Badania bilansu masy, zwłaszcza dla C i jego frakcji (organicznych i nieorganicznych, rozpuszczonych i cząstek stałych) zyskały większą uwagę od lat 90-tych, wraz z intensyfikacją badań nad zmianami klimatycznymi. Szacunki bilansu masowego C zarówno w ekosystemach lądowych, jak i wodnych, mogą nie być odpowiednie do badań lokalnych lub regionalnych, ponieważ węgiel, jak również inne makroelementy, mają swoje stężenia w glebie i wodzie zależne od różnych czynników fizycznych, chemicznych i biologicznych. Szacunki pełnią jednak swoją funkcję w badaniach porównawczych.

W zależności od średnicy cząsteczek, OM dzieli się na frakcje stałe i rozpuszczone. Z definicji, rozpuszczona substancja organiczna (DOM) to frakcja o średnicy mniejszej niż 0,45 µm, w praktyce średnica ta może się wahać od 0,1 do 1,2 µm. Cząsteczkowa materia organiczna (POM) składa się z żywych i martwych organizmów (szczątki) oraz makroskopijnych agregatów. Należy jednak rozumieć, że frakcja przechodząca przez pory systemu filtracji zawiera, wraz z DOM, związki koloidalne o średnicy od 1 nm do 1 µm, które mogą być oddzielone od DOM jedynie metodą ultrafiltracji i filtracji w żelu. Szacuje się, że 50 % DOM znajduje się w wilgotnych glebach w postaci koloidów o dużej masie cząsteczkowej (4 000-100 000 Da). Możliwe jest również sklasyfikowanie OM w zależności od ich dostępności, reaktywności chemicznej lub łatwości użycia przez faunę i florę w cyklach biogeochemicznych. W ten sposób OM można podzielić na frakcje labilne, półpłynne i ogniotrwałe. Labilny DOM składa się z wysoce reaktywnych cząsteczek biochemicznych, takich jak aminokwasy i węglowodany, które są produkowane i spożywane głównie przez mikroorganizmy. Ta frakcja może stanowić 30% lokalnej produkcji pierwotnej i zawiera białka, węglowodany i lipidy, które łatwo ulegają degradacji, z bardzo szybkim cyklem (w godzinach). Półstabilny DOM jest dość reaktywny zarówno w słupie wody pod powierzchnią, jak i w glebach o wysokiej przepuszczalności, a czas jego reaktywności waha się w granicach od miesięcy do lat. Frakcja półstabilna jest reprezentowana przez nadmiar rozpuszczonego węgla organicznego (DOC) na powierzchni. Ogniotrwały lub obojętny DOM składa się ze złożonych strukturalnie i dość odpornych na rozkład związków, takich jak lignina, pyłki i kwasy humusowe. Frakcja ta jest równomiernie rozłożona wzdłuż słupa wody i w dobrze odwodnionych glebach i może stanowić od 70 do 80% całkowitej zawartości OM w systemie. Jej wiek szacowany metodą datowania C-14 mieści się w przedziale od setek do tysięcy lat, odporna na kilka cykli mieszania przed włączeniem do osadu.

DOM składa się głównie z bakterii i wirusów, makro i mikromolekuł, takich jak węglowodany, białka, lipidy i substancje humusowe, które rozkładają się w różnym czasie. DOM jest najobfitszą formą całkowitego OM w systemach wodnych i glebach dobrze przepuszczalnych, a węgiel jest głównym elementem w tej mieszaninie. Z tego powodu zawartość DOM jest na ogół szacowana na podstawie stężenia DOC. Szacuje się, że pyłowy węgiel organiczny (POC) stanowi jedynie od 1 do 10 % całkowitego węgla organicznego obecnego w systemie. Oprócz węgla, występuje on w mieszaninie w różnych stężeniach, w zależności od pochodzenia OM, związków, makrocząsteczek i prostych frakcji innych pierwiastków, takich jak H, N, O, P, Fe, S i Si, a także pierwiastków śladowych. Tak więc, bilans węgla w układzie można zdefiniować za pomocą równań 6.1 i 6.2.

TOC=90% DOC + 10% POC (równanie 6.1)

TOM= wysoki [DOM] + niski [POM] (równanie 6.2)

Kilka badań przeprowadzonych w różnych lasach tropikalnych i równikowych na świecie potwierdza znaczenie ściółki jako podstawowego źródła OM oraz matrycy dla tworzenia się pierwiastków jonowych, które wejdą na ścieżkę obiegu składników pokarmowych dla roślin. Różnorodność składników ściółki, takich jak gałęzie, korzenie, liście i owoce, pozostałości owadów i innych organizmów, jest wprost proporcjonalna do jakości produkowanego humusu. W związku z tym można powiedzieć, że przy większej różnorodności organicznych składników ściółki, wyższa będzie koncentracja jonów dostępnych pod koniec procesu rozkładu i mineralizacji. W warunkach naturalnych, bez zmian pH i tekstury gleby, składniki odżywcze z martwego OM są dobrze przetwarzane, a straty w hydrosferze są na ogół minimalne. Interesującą korelacją zaobserwowaną przez JUNK'a (1997) i SILVER'a (2000) jest to, że im mniej żyzna jest gleba, tym większa jest biomasa korzeni. W glebach Cerrado, zarówno w Amazonii jak i w lesie atlantyckim, zaobserwowano ten wzór rozwoju korzeni. Sugeruje się również, że im głębsze jest zaopatrzenie w wodę w celu utrzymania rodzimej roślinności, tym większy jest pionowy rozwój korzeni, właśnie w celu poszukiwania wody. W środkowej Amazonii, gdzie część tych badań została opracowana, ze względu na fakt, że nie ma długiego okresu suszy, z dobrze rozłożonymi deszczami w ciągu roku, gęstość korzeni i ich rozmieszczenie w glebie są skoncentrowane w A Horizon lub warstwie humusu, wykazując, że jest to ważny mechanizm ochrony składników odżywczych (JUNK, 1997).

Gleba jest ważnym zasobem OM, a w konsekwencji C w jego rozpuszczonych frakcjach organicznych i nieorganicznych. SCHIMEL *et al.* (1994) stwierdził, że gleby są odpowiedzialne za 2/3 węgla składowanego w środowisku lądowym. Mimo że nie mieści się on w tej proporcji, Las Atlantycki posiada w glebie swoje główne zasoby składników odżywczych. Jednak w przypadku Puszczy Amazońskiej udział ten jest mocno dyskusyjny. Czynniki takie jak struktura i skład gleby, warunki kwasowości (pH) oraz głębokość i proporcje poziomów A i B bezpośrednio wpływają na szybkość składowania C w glebie, w związku z czym w niektórych sytuacjach głównym składowiskiem C jest biomasa naziemna. Według NEPSTAD *et al.* (1994), w inwentaryzacji węgla w dolinie rzadko bierze się pod uwagę analizy w horyzontach poniżej 1 metra głębokości, więc poziomy C poniżej tego zakresu nie są obliczane. Zdaniem autorów, zasoby C poniżej 1 metra głębokości są większe od zasobów określonych na powierzchni gleby. Horyzont B jest bardzo dynamiczny z punktu widzenia obiegu pierwiastków jonowych, a większość węgla w tym profilu uwalniana jest szybciej w postaci CO_2, głównie w wyniku działania mikroorganizmów. Frakcja DOC, powstała w wyniku rozkładu OM lub uwolnienia skamieniałego materiału obecnego w składniku geologicznym, jest zazwyczaj w niskich stężeniach. Wynika to z silnej interakcji DOC z matrycą stałą lub procesami utleniania, które przekształcają OM w CO_2. Stężenia DOC są silnie kontrolowane przez poziom O2 rozpuszczonego w glebie i wodzie śródmiąższowej. W warunkach niskiego stężenia O2, na przykład, anaerobioza ukierunkowuje procesy diagenetyczne na tworzenie S2-, SO42- i/lub CH4 (równania 6.3 i 6.4) lub, zgodnie z THURMANEM (1985), na utratę w postaci lotnego węgla organicznego. W procesach diagenetycznych redukcja SO42- następuje tylko wtedy, gdy w kolumnie osadowej nie ma już tlenków żelaza, ponieważ przyrost energii jest bardzo niski (380 kJ/mol). Jony, które powstają w reakcji, reagują z H+ tworząc gaz siarkowodorowy (H2S). Mogą również tworzyć jony HS, które reagują z pierwiastkami śladowymi, czyniąc je niedostępnymi dla fauny i flory, zmniejszając tym samym toksyczność gleby. Tworzenie się metanu (CH4) zachodzi w bardzo specyficznych warunkach, gdy nie ma innego czynnika utleniającego i występuje obecność bakterii metanogenicznych. Środowisko, w którym zachodzi fermentacja metanowa, znane jest jako anoksyczne metanogeniczne. Etap ten może zachodzić z trzech różnych dróg metabolicznych (np. 6.4).

$$(CH_2O)_{106}(NH_3)_{16}(H_3PO_4) + 53\ SO_4^{2-} \rightarrow 106\ CO_2 + 16\ NH_3 + 53\ S^{2-} + H_3PO_4 + 106\ H_2O \qquad \text{(Eq. 6.3)}$$

- Fermentacja: $(CH_2O)_{106}(NH_3)_{16}(H_3PO_4) \rightarrow 53\ CO_2 + 53\ CH_4 + 16\ NH_3 + H_3PO_4$ (Eq. 6.4a)
- Redukcja kwasu octowego:: $CH_3COOH \rightarrow CH_4 + CO_2$ (Eq. 6.4b)
- Redukcja CO_2: $CO_2 + 8\ H_2 \rightarrow CH_4 + 2\ H_2O$ (Np. 6.4c)

Kilka badań wykazało, że składowanie i cykl życiowy węgla są związane z czynnikami klimatycznymi, rodzajem pokrycia gleby (SCHIMEL, 1995), geologią oraz wykorzystaniem i zajęciem gleby (NELSON *i in.*, 1993). Według SILVER *et al.* (2000) i NELSON *et al.* (1993), zawartość gliny ma podstawowe znaczenie w procesie magazynowania C w glebie, wpływając na dostępność i retencję składników pokarmowych. Konsystencja (McCLAIN *i in.*, 1997) oraz skład chemiczny (McKNIGHT *i in.*, 1992) również wpływają na stężenie OM w glebie. Gleby o dużej zawartości tlenków Fe i Al usuwają organiczne C z roztworu poprzez adsorpcję i reakcje opadów metalicznych.

W latozolach, ze względu na skuteczną adsorpcję i fizyczną ochronę OM przez minerały ilaste, które mają większą powierzchnię adsorpcyjną, wody śródmiąższowe mają niskie stężenia związków organicznych (LEENHEER, 1980; McCLAIN *i in.*, 1997). Świadczy o tym głównie analiza profilu pionowego, potwierdzająca, że stężenie OM zmniejsza się wraz ze wzrostem głębokości gleby. Badania korelujące stężenia DOC w wodzie śródmiąższowej gleb ze wzrastającą głębokością potwierdzają tę tendencję zmniejszania się zawartości węgla (DAWSON *i in.*, 1981, THURMAN, 1985; McCLAIN *i in.*, 1997). Według DAWSON et *al.* (1981) usuwanie DOC na głębokość wynika z procesów fizykochemicznych (adsorpcja) i biologicznych zarówno w glebie, jak i w wodzie śródmiąższowej. Wyższa adsorpcja OM w glebach o dużej zawartości minerałów ilastych stwarza warunki, w których węgiel może być magazynowany w połączeniu z cząsteczkami ilastymi biernie, bez reakcji z innymi elementami systemu (rysunek 6.10), co obserwuje się w niektórych rodzajach tlenków.

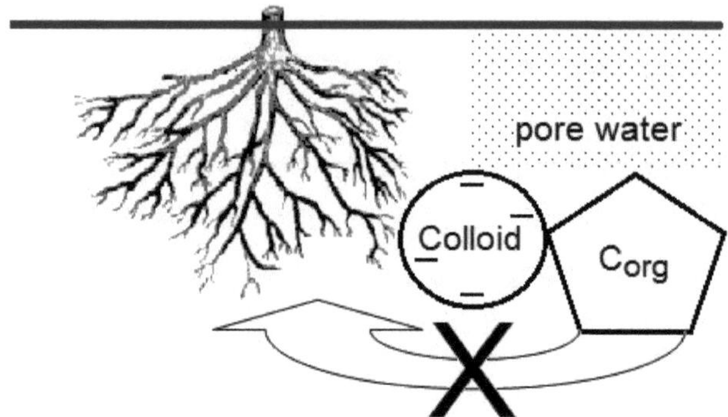

Rys. 6.10. Schematyczne przedstawienie związku pomiędzy biernym węglem a minerałami ilastymi w oksyizolach. Szczegóły dotyczące czasowego przerwania przepływu Corg do korzeni roślin (pasywne złoże węgla).

Analiza korelacji pomiędzy frakcjami organicznymi węgla biodetrytycznego (BC), materią organiczną (OM) i pyłowym węglem organicznym (POC) a frakcjami piasku, mułu i gliny w badanych glebach została przedstawiona na Rysunku 6.11 i Tabeli 6.7.

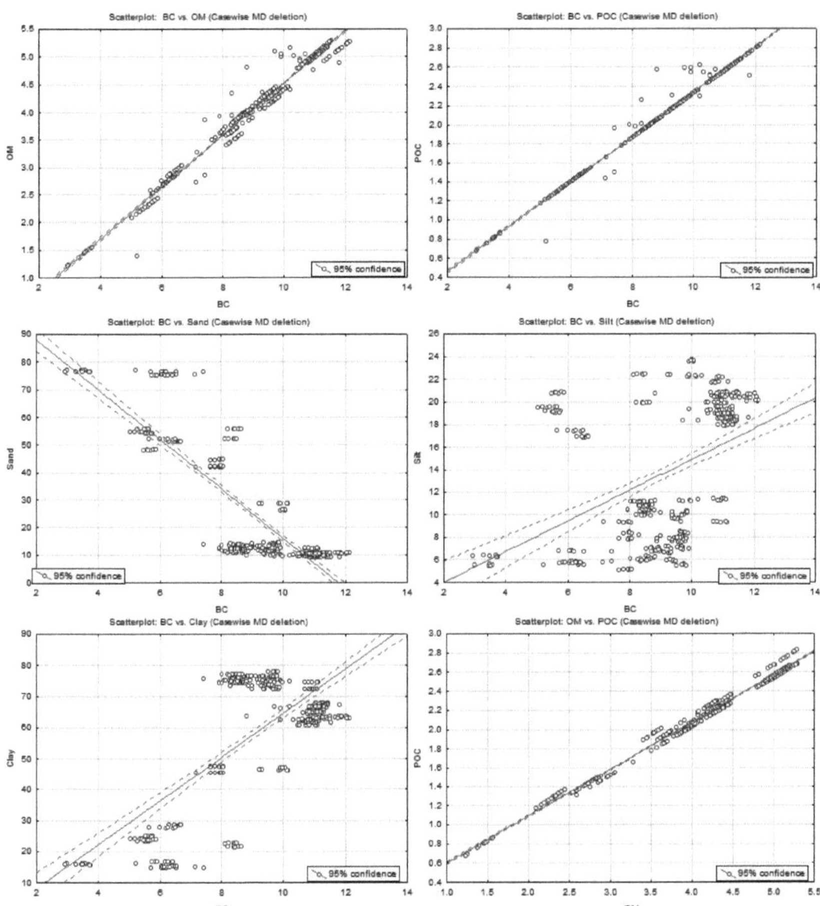

Rysunek 6.11a: Analiza korelacji pomiędzy związkami organicznymi a frakcjami granulometrycznymi badanych gleb (*n*= 444).

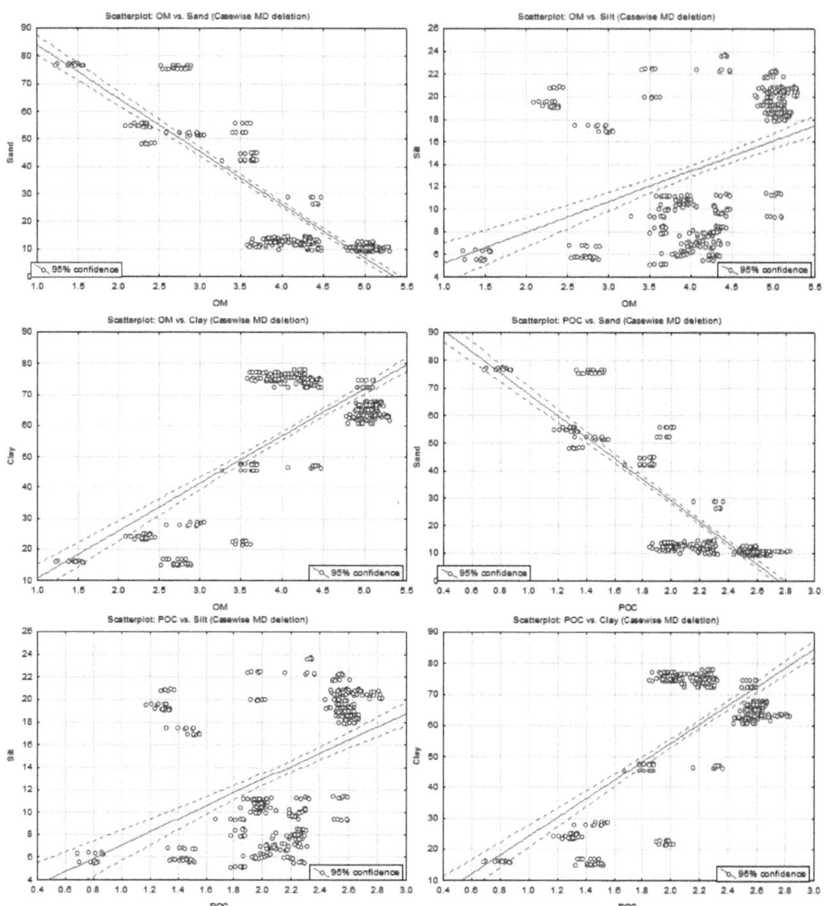

Rysunek 6.11b: Analiza korelacji pomiędzy związkami organicznymi a frakcjami granulometrycznymi badanych gleb (*n*= 444).

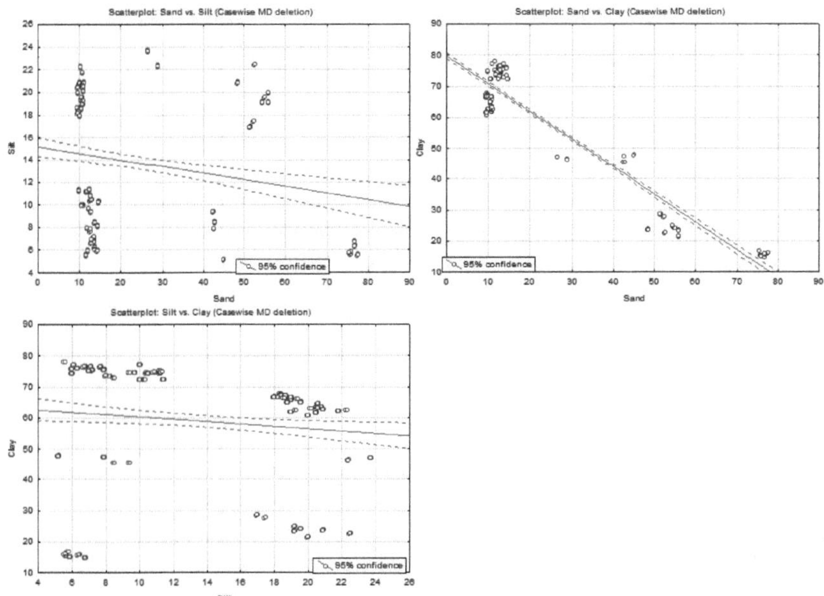

Rysunek 6.11c: Analiza korelacji pomiędzy związkami organicznymi a frakcjami granulometrycznymi badanych gleb (*n*= 444).

Tabela 6.7: Współczynniki korelacji i obliczone zmienne dla związków organicznych i frakcji wielkości ziaren badanych gleb (n= 444; df= n-2).

	r	r2	*a**	*b**
BCxOM	0.9891	0.9783	0.471	-0.186
BCxPOC	0.9938	0.9877	0.235	0.006
BCxSand	-0.8384	0.7029	-9.003	106.00
BCxSilt	0.4422	0.1956	1.362	1.269
BCxClay	0.6947	0.4827	7.064	-6.025
OMxPOC	0.9951	0.9902	0.493	0.106
OMxSand	-0.8564	0.7335	-19.301	103.280
OMxSilt	0.4206	0.1769	2.718	2.514
OMxClay	0.7195	0.5177	15.351	-4.754
POCxSand	-0.8468	0.7171	-38.530	106.08
POCxSilt	0.4494	0.2019	5.861	1.183
POCxClay	0.014	0.4920	30.214	-6.056
SandxSilt	-0.2062	0.0425	-0.059	15.150
SandxClay	-0.9451	0.8932	-0.895	79.717
SiltxClay	-0.1163	0.0135	-0.384	64.129

*współczynnik równania liniowego; zaznaczone korelacje są istotne przy p <0,05.

6.6 CEC i pH gleby

Według SANTOS *et al.* (2002), istnieje bezpośredni związek pomiędzy CEC a pH gleby. Zawartość CEC wzrasta wraz ze wzrostem pH, w związku z czym kationy będą miały większą ilość ładunków adsorpcyjnych. W badaniach dotyczących obszarów uprawnych, na przykład, wzrost pH przez wapnowanie (korekcja pH gleby) sprzyja neutralizacji jonów H+ i Al3+, co powoduje wzrost CEC, a także energii wiązania przez kationy podstawowe takie jak Ca2+ i Mg2+ (KAMINSKI, 2000). Ten wzorzec zachowania będzie jednak w dużej mierze zależał od zastosowanej koncepcji CEC. Prawdopodobne jest, że w tych kategoriach autorzy odnoszą się do wymienialnych CEC. Ponadto należy wziąć pod uwagę inne czynniki, takie jak zawartość materii organicznej i procentowy udział frakcji ilastej w glebie, a także szybkość wietrzenia.

Należy zauważyć, że w kwaśnym pH może być większa dostępność wymiennych jonów H+, które będą szczególnie zakłócać potencjalną wartość CEC. Ponadto, wzrost pH powoduje zmniejszenie zawartości Al i jego nasycenia (m%), przy jednoczesnym zwiększeniu całkowitej zawartości Ca i Mg. Dzięki temu przy wzroście pH można zaobserwować wzrost CECe i obniżenie CECp. Według FURTINI NETO *et al.* (2001) w warunkach kwasowości gleby jony K+, Ca2+ i Mg2+ są usuwane, zastępowane przez H+ i Al3+, a większość roślin może zostać uszkodzona. Należy wziąć pod uwagę, że przyczyny tego zastąpienia jonowego różnią się w zależności od pH gleby, takie jak struktura i mineralogia gleby, siła jonowa roztworu glebowego i gatunku rośliny oraz zawartość i rodzaj zastosowanej substancji organicznej.

W tym badaniu, zwłaszcza w przypadku Organosoli i Glejoli, ze względu na zakłócenia w stężeniu OM, nie było możliwe wykazanie standardowego zachowania. Krzywa dyspersji pomiędzy pH wody a CECe wskazywała na słabą korelację (rys. 6.12), co sugeruje, że inne nieodłączne właściwości gleby wpływają na dostępność kationów wymiennych. Według OORTS *et al.* (2003), iły i drobne frakcje mułowe były odpowiedzialne za 76 do 90% CEC gleby przy pH 5.8. Wartości CEC dla frakcji ilastych wahały się od 15 do 20 cmolc/kg przy pH 3 i od 24 do 32 cmolc/kg przy pH 7.

Potencjalna kwasowość (określona w pkt **5.11.6.9**) jest liczbowo równoważna sumie jonów H+ + Al3+ w glebie (równanie 5.26) i ma dodatnią korelację z węglem organicznym, jak wykazano w badaniu EBELING (2006), w glebach tropikalnych o wysokim C w kilku stanach Brazylii. Wynika to z obecności jonu H+ związanego z ujemnym ładunkiem koloidów organicznych zależnym od pH, który jest podawany przez wiązania kowalencyjne i dlatego może zostać oddzielony jedynie przy wzroście pH przez roztwór OMP o pH 7,5 (GALVÃO & VAHL, 1996). W przypadku wymiennego jonu Al3+ (zdefiniowanego w **pozycji 5.11.6.1**) oczekuje się pozytywnej korelacji, ponieważ potencjalna kwasowość odnosi się do całkowitego H+ w wiązaniu kowalencyjnym, plus Al3+, czyli suma kwasowości niewymiennej i (SILVA *i in.* , 2006).

Ogólnie rzecz biorąc, związki organiczne mają potencjał do podnoszenia pH gleby, jednak wyniki tej zmiany są na ogół niewielkie i niewystarczające, aby spowodować jakikolwiek znaczący efekt, zwłaszcza w glebach o wysokiej zdolności buforowania (CASSOL *i in.*, 2001). CERETTA *i in.* (2003), wspominają, że możliwość zmiany pH gleby przy zastosowaniu pozostałości odpadów zwierzęcych jest minimalna, szczególnie w przypadku gleb o wysokiej zdolności buforowania, chociaż poziom Al może zostać obniżony, szczególnie przez zwiększenie ilości związków organicznych o niskiej masie cząsteczkowej.

Kolejnym czynnikiem zakłócającym związek między pH a CEC jest zdolność buforowania gleby. Gleby ubogie w związki o odczynie zasadowym, takie jak HCO3-, CO32- lub aniony organiczne, nie mają wystarczającej ilości jonów, aby wywierać znaczący wpływ na kwaśność gleby, zwłaszcza gdy moc buforowa jest wysoka, jak w przypadku oksyizoli. COSTA *et al.* (2011) i SILVA *et al.* (2015), obie oceniające wpływ dawek pozostałości zwierzęcych zastosowanych do Oksyizolów stwierdziły, że nie ma wpływu zabiegów na wartości pH na jeden z horyzontów A i B.

Badania nad glebami o dużej zawartości popiołu i zanieczyszczeń organicznych wykazały wzrost pH i spadek H++Al3+ (PRADO & FERNANDES, 2003). Uważa się, że jest to spowodowane obecnością czynników neutralizujących kwasy, takich jak SiO32- (ALCARDE, 1992). Inni autorzy uważają jednak, że wzrost pH wynika ze wzrostu stężenia Ca2+, Mg2+ i PO43- (PRADO *i in.*, 2002; PRADO & FERNANDES, 2003) lub z wysokiego poziomu krzemianów w glebie (ANDERSON i *in.*, 1987). Można ustalić bezpośredni związek między pH gleby a wskaźnikiem ustalonym między zdolnością kationowymienną (CEC) a zdolnością anionową (AEC). Dane analizowane dla badanych gleb wskazują na wyższe CECp, wynikające z sumowania Al3+ + H+, w glebach o słabo kwaśnym lub obojętnym pH. Obserwuje się również zjawisko odwrotne, w przypadku wyższych wartości AEC w glebach o niskim kwaśnym lub obojętnym pH (rysunek 6.13).

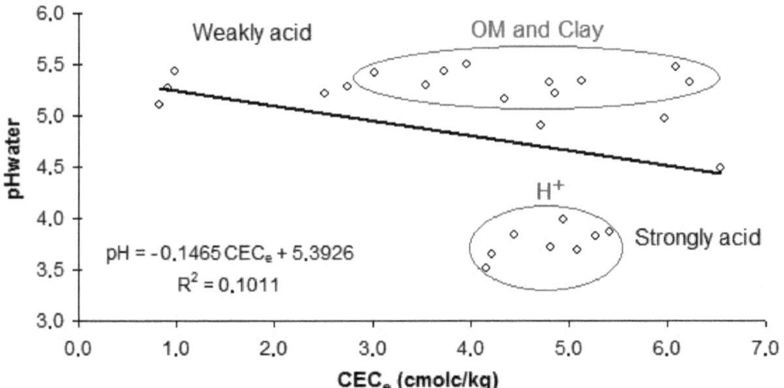

Rys. 6.12. Analiza korelacji pomiędzy średnimi wartościami CTCe a pH gleby. Podkreślono wpływ zawartości OM i gliny na zawartość CTCe.

6.7 Zmiany CEC i właściwości gleby

Właściwości gleby zmieniają się w sposób ciągły w zależności od głębokości, jak również od krajobrazu (BISHOP, 1999). Zmieniające się warunki fizyczne, chemiczne i biologiczne gleb, zwłaszcza przez zastępowanie rodzimego lasu czynnościami uprawowymi, ingerują w [CEC], zwłaszcza w pierwszą warstwę lub A Horizon. Wynika to z faktu, że zabiegi uprawowe polegają na wprowadzaniu humifikacji OM, nawozów azotowych, paleniu oraz zwiększonym narażeniu gleby na działanie deszczu i wiatru (erozja wodna i wietrzna). W ten sposób wzdłuż pionowego profilu gleby następuje spadek kationów wymiennych na powierzchni, wraz z upływem czasu, oraz względny wzrost głębokości CEC, co wykazały SANCHEZ *et al.* (1983) oraz CERRI *et al.* (1991).

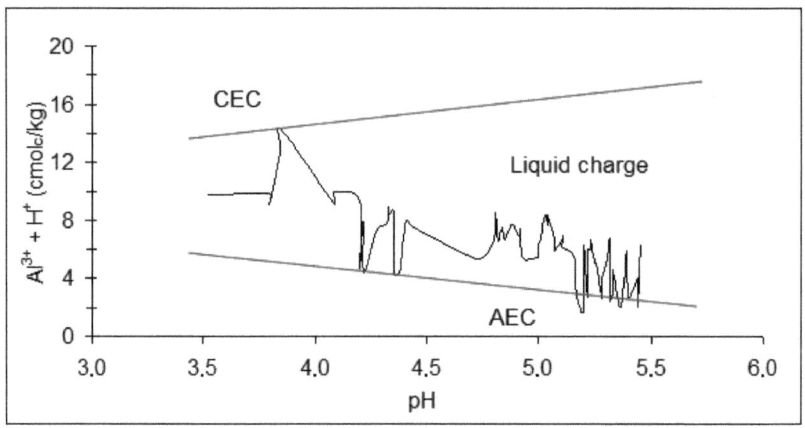

Rysunek 6.13. Zależność między pH i zdolnością wymiany kationowej (CEC) a pojemnością anionów (AEC) w zwietrzałych glebach badanych obszarów.

Zmniejszenie CEC w jego efektywnej lub wymiennej formie (CECe) (FALLEIRO *i in.*, 2003) i jego potencjalnej formie (CECp) (RHEINHEIMER *i in.*, 1998), w funkcji głębokości, zostało zweryfikowane zmniejszenie poziomów OM w różnych horyzontach. Zarządzanie żyznością gleby w funkcji CEC ma duże znaczenie, ponieważ odzwierciedla zdolność gleby do zatrzymywania kationów w optymalnych warunkach pH, dostarczając informacji o utracie kationów poprzez wymywanie i potencjał zasolenia. Wartości CECe <2,3 cmolc/kg mogą wskazywać na małą ilość OM w glebie. W związku z tym, bardzo zwietrzałe gleby powierzchniowe, pochodzące z materiałów ubogich chemicznie, mają na ogół niską wartość CECe i ograniczoną dostępność składników odżywczych. Stosunek między poszczególnymi poziomami może być jednak dość zmienny, co wskazuje na różne procesy i intensywność wietrzenia.

W badanych glebach zaobserwowano, że CECe i CECp różniły się przede wszystkim w funkcji konsystencji i stężenia OM. W południowo-wschodnim regionie Brazylii, w lesie atlantyckim, CECe i CECp prezentowały wartości średnie dla latosoli dystroficznych, wahające się od 2,33 do 5,71 cmolc/kg dla CECe oraz od 3,94 do 12,35 cmolc/kg dla CECp. W regionie Amazonii poziomy te były nieco niższe i wynosiły od 1,39 do 1,75 cmolc/kg dla CECe oraz od 4,63 do 9,96 cmolc/kg dla CECp. Uważa się, że oprócz różnic w składzie mineralnym i stężeniu OM, w niższych wartościach przeszkadzało bardziej intensywne wietrzenie w Amazonii. Najniższe wartości CECe i CECp wykazywały gleby o strukturze piaszczysto-piaskowej, dominujące w neosolach. W Puszczy Atlantyckiej średnie wartości CECe i CECp wynosiły odpowiednio 1,56 i 5,28 cmolc/kg. W Lesie Amazońskim średnie stężenia CECe i CECp dla neosoli wynosiły 3,60 i 7,22 cmolc/kg. Zgodnie z oczekiwaniami, najwyższe stężenia CEC, zarówno wymienne, jak i potencjalne, oznaczono w Glejozolach i Organozolach, których konsystencja wykazuje przejście między glebami mułowo-piaszczystymi, mułowo-piaszczysto-gliniastymi i ilastymi. Należy jednak zauważyć, że najwyższe bezwzględne stężenia CECe i CECp oznaczono w Amazońskich Plinthsolach (FX), których średnia zawartość wynosiła 12,57 cmolc/kg dla CECe i 19,44 cmolc/kg dla CECp. Wyniki te wskazują na związek z glebami mineralnymi tworzonymi głównie przez minerały kationitu, getytu i gibsitu (tab. 6.9).

Tabela 6.8: Minimalne, maksymalne i średnie wartości CECe i CECp określone dla badanych gleb tropikalnych.

Obszar	Gleba	CECe	CECp	Obszar	Gleba	CECe	CECp
		(cmolc/kg)	cmolc/kg)			(cmolc/kg)	cmolc/kg)
Las Atlantycki	LVA	2.33	7.57	Las Amazoński	LAd	1.39	4.63
		5.71	12.35			1.75	9.96
		3.71	9.31			1.55	7.47
	LVd	2.74	3.94		FX	11.93	18.45
		5.71	8.58			13.21	20.42
		3.96	5.99			12.57	19.44
	Oxy	6.16	14.30		PVA	3.05	6.72
		7.14	16.27			4.49	8.18
		6.65	15.28			3.71	7.45
	GXb	6.10	10.99		GXv	3.50	10.72
		6.79	11.71			4.29	11.76
		6.54	11.34			3.90	11.24
	RQo	1.23	4.74		RYve	3.17	6.69
		1.92	5.85			4.03	7.75
		1.56	5.28			3.60	7.22

Tabela 6.9: Obciążenia elektryczne minerałów z frakcji ilastej określane w glebach tropikalnych.

Mineral	**CEC** (mmolc/kg)			**AEC** (mmolc/kg)
	Stały	Zmienna	Raze	
Montmorylonit	1120	60	1180	10
Wermikulit	850	0	850	0
Illite	110	30	140	30
kaolinit	10	30	40	20
Gibbsite	0	50	50	50
Goethite	0	40	40	40

Jako bazy kationowe, K+, Ca2+ i Mg2+ wykazują podobne zachowanie w układzie glebowo-roślinnym. Jednak ich naturalna dostępność jako kationów wymiennych w glebie oraz naturalne zasoby tych pierwiastków są zależne od dominującej klasy gleb w danym regionie. W odniesieniu do Ca2+ obserwuje się, że gleby o wysokim poziomie tego pierwiastka występują głównie: 1) w regionach półsuchych; 2) na obszarach na andyjskich osadach; 3) w glebach położonych na terenach zalewowych (podmokłych) dużych rzek oraz 4) w glebach wykształconych na skałach wapiennych. Natomiast gleby o niższej zawartości Ca2+ występują głównie na równinie amazońskiej, w glebach wykształconych na osadach kaolinitowych oraz w neosolach kwarcowych i latosolach o średniej i piaszczystej strukturze Cerrado. Na obszarach o intensywnym użytkowaniu rolniczym znaczna część gleb jest stale korygowana poprzez wapnowanie, dzięki czemu uzyskuje się odpowiednie poziomy Ca2+ i Mg2+. Rozkład Mg2+ na glebach brazylijskich odbywa się według tego samego schematu. Tak więc wysokie poziomy Mg2+ można zaobserwować w nitozolach i czerwonych latozolach żelazowych, obu pochodzących ze skał żelazomagnezowych (BENITES *i in.*, 2010).

Generalnie gleby brazylijskie są naturalnie ubogie w K+, w szczególności latosole i argisole. Wyjątki od tej reguły można zaobserwować w niektórych glebach równiny nadmorskiej (Luvisols, Gleysols i Planosols); w glebach pól i prerii Rio Grande do Sul State (Vertisols), w neosolach litoralskich znajdujących się na skałach macierzystych tego minerału oraz w niektórych żyznych nitozolach i oksyizolach (EMBRAPA, 1999; BENITES *i in.*, 2010). Ze względu na dużą ilość K+ wydobywanego przez większość roślin uprawnych, a także biorąc pod uwagę fakt, że gleby tropikalne nie posiadają wystarczających rezerw K+ do utrzymania obecnego poziomu wydajności, konieczne i fundamentalne jest uzupełnianie K+ w glebach uprawianych za pomocą różnych mechanizmów nawożenia N:P:K.

Zróżnicowanie gleb jest wynikiem korelacji różnych właściwości fizycznych, chemicznych i biologicznych tych gleb, związanych ze zjawiskami naturalnymi (opady deszczu, erozja, wietrzenie i klimat w ogóle), ingerencją człowieka (wylesianie, uprawa, nawożenie) oraz czynnikiem czasowym w procesie sedymentacji i pedogenezy. W regionie Amazonii ostatnie osady (czwartorzędowe) dominują na obszarze zalewowym (obszary zalewowe lub potencjalnie zalewowe), natomiast w Terra jędrne gleby ulegają ciągłym zmianom w swoim składzie ze względu na interakcję biomu i działalności antropogenicznej. Obszar dorzecza Amazonii uważany jest za ubogi w składniki odżywcze gleby i ograniczony pod względem dostępności P, a mianowicie Na+, K+, Ca2+, Mg2+ i Al3+ kationów zwrotnych (recykling) na terenie samego lasu (LUIZÃO, 2007). Powrót ten następuje dzięki rozkładowi ściółki, samemu ruchowi aerozoli (PAULIQUEVIS, 2007) i dynamice wody (HAUGAASEN, 2006), szczególnie na równinach amazońskich.

Niektórzy autorzy uważają gleby Amazonii za ubogie w składniki odżywcze (SANCHEZ, 1976; VITOUSEK, 2010) ze względu na niskie występowanie zjawisk odnowy (JORDAN, 1981), ale niektóre regiony mają odpowiednią strukturę fizyczną, ponieważ były one narażone na długie okresy wietrzenia (SOMBROEK, 1966; IRION, 1978). Gleba uznawana jest za żyzną, gdy prezentuje minimalne stężenia składników pokarmowych odpowiednie do rozwoju związanego z nią biomu, biorąc pod uwagę udział procentowy gliny, mułu i piasku (QUESADA, 2010) oraz stężenie N, P i K i kationów wymiennych (PAOLI & CURRAN , YAVIT i *in.*, 2011). W niektórych badaniach porównano gleby Amazonii z glebami regionów pustynnych i sawannowych, przewidując, że w przypadku przekształcenia lasu w pastwisko lub rolnictwo dojdzie do katastrofy ekologicznej spowodowanej niedoborem gleby w utrzymaniu takich struktur (ANADON, 2014; BROADBENT, 2008). Badania przeprowadzone przez VITOUSEK & SANFORD (1986) sugerują, że P jest czynnikiem ograniczającym, który ogranicza wzrost lasu (biomasa). Inne badania sugerują, że zmienność stężenia dostępnych jonów w glebie wpływa na strukturę roślinności i różnicuje szybko rosnące lasy w pobliżu Andów od wolno rosnących w Środkowej Amazonii i Gujanie (FITTKAU, 1971, QUESADA *i in.* , 2011 i 2012). Z tych powodów region Amazonii prezentuje różnorodność gleb (HIGGINS *i in.*, 2011) oraz roślinności (PHILLIPS *i in.*, 2003, TUOMISTO *i in.*, 2002, 2003, STEEGE *i in.*, 2006, 2013; HIGGINS *i in.*, 2011).

Podobnie jak wzorzec pionowy (w funkcji głębokości) zmienia się w zależności od zmian składu i tekstury gleby, tak samo wzorzec poziomy wykazuje tendencje w zakresie właściwości gleby. Spadek zawartości gliny, a w konsekwencji wzrost zawartości kwarcu i innych składników krzemianowych, z najwyższych punktów (płaskowyże) na tereny nizinne i zalewowe, wpływa na zmianę składu jonowego gleb. Działanie procesów hydrolizy i selektywnej erozji na frakcje ilaste, które są bardziej intensywne w okresach deszczowych, zwiększa uwalnianie Al3+ do roztworu glebowego o zwiększonej kwasowości (rysunek 6.14). Według HEDIN *i in.* (pH <5,0), wzrost stężenia Al3+ oraz zmniejszenie dostępności PO43-, K^{+}, Ca2+ i Mg2+. Badania BRINKMANN i NASCIMENTO (1973) w regionie Manaus sugerują zmniejszenie dostępności P w glebach kwaśnych o pH pomiędzy 3,4 a 4,5. Większe lub mniejsze stężenie P dostępnego w glebie jest bezpośrednio związane z obecnością i rodzajem pokrywy roślinnej. Według KAUFFMAN (1998), w lasach pierwotnych większość zasobów P (65%) znajduje się w biomasie naziemnej, a gdy las zostaje zastąpiony przez uprawę lub pastwisko, wspólne działania w Terra firme Amazonii, zasoby P spadają do 9%. LUIZÃO (1989), badając kilka gleb w okolicach Manaus (AM), zauważyło, że dzięki recyklingowi ściółki na Latosols, roczne pobranie 3 kg/ha PO43- jest obecne. Jeszcze w stosunku do zasobu P i innych pierwiastków jonowych, na obszarach jodłowych Terra, gdzie gleba ma przeważnie strukturę piaszczystą, przedział ten charakteryzuje się generalnie niską zawartością pierwiastków jonowych. Biorąc pod uwagę, że zasobem żywieniowym lasu pierwotnego jest biomasa samego lasu, jak już wskazało kilku autorów, w przypadku wylesiania, a następnie pożarów, zasob ten jest eliminowany, pozostawiając glebę ubogą w składniki pokarmowe. STALLARD i EDMOND (1981) potwierdzają, że na glebach amazońskich kationy rozpuszczalne są na ogół wyczerpane, zwłaszcza Ca2+ i Mg2+.

Główne źródła Ca2+ rozpuszczalnego na obszarach leśnych pochodzą z procesów rozkładu ściółki (BRINKMANN i NASCIMENTO, 1973). Według kilku badań nad obiegiem składników pokarmowych, około 99% Ca2+ przechowywanych w biomasie leśnej powraca poprzez recykling ściółki, szczególnie w okresach wyższej wilgotności. W ten sposób należy utrzymać na przykład martwą pokrywę roślinną, która gromadzi się na glebach uprawnych, aby zapewnić recykling składników jonowych. Jak już wspomniano, na obszarach wylesianych, po których następuje spalanie, elementy jonowe są tracone w procesie wymywania gleby. Stężenia Ca2+ są utrzymywane przez krótki okres czasu, ze względu na degradację pozostałego materiału z procesów cięcia i wypalania, a po kilku miesiącach są eliminowane przez erozję i ługowanie. LUIZÃO (1989) stwierdziło, że główne źródło Mg2+ i K+ w glebie pochodzi również z rozkładu ściółki, co odpowiada rocznemu poborowi 14 kgMg/ha i 15 kgK/ha. W przypadku K+ źródłem tego pierwiastka jest zawartość popiołu z pożarów. Jednakże jego zasoby są niskie, a ponieważ popiół łatwo ulega wymywaniu w wyniku działania wiatrów i deszczu, nie można go uznać za zasoby długoterminowe. Według danych KAUFFMAN *et al.* (1998) okres użytkowania popiołu K+ wynosi mniej niż sześć lat, a w tym czasie gwałtownie się zmniejsza.

Inne ważne dla obiegu składników odżywczych elementy, takie jak azotany, mogą powrócić do gleby w wyniku procesów biologicznych z działaniem grup określonych bakterii. Nitryfikacja i mineralizacja N są ważnymi i dość skutecznymi sposobami recyklingu tego pierwiastka w glebie. Jednak tempo przemiany przez te drogi jest silnie uzależnione od czynników fizykochemicznych i biologicznych, takich jak wilgotność względna gleby, opady, napowietrzanie (poziom O2) i objętość bakterii aktywnych. Średnia temperatura i pH gleby również wpływają na szybkość reakcji. LUCHESE *et al.* (2001) sugerują, że pH jest czynnikiem mającym duży wpływ na skład chemiczny gleby, ingerującym również w tempo wzrostu organicznego C w systemie. Ponieważ stopień zakwaszenia gleby oddziałuje selektywnie na działanie mikroorganizmów (bakterii i grzybów), można stwierdzić, że pH zakłóca produkcję i jakość humusu powstającego w wyniku rozkładu OM. Pochodzenie matrycy organicznej lub rodzaju cząsteczki organicznej, która przechodzi w proces rozkładu, po którym następuje nitryfikacja, jest również ważne dla szybkości przemiany. Cząsteczki organiczne bogate w terpeny, ligninę i inne bardziej odporne i złożone elementy mają zazwyczaj mniejsze tempo rozkładu niż prostsze elementy organiczne, takie jak aminokwasy. Szybkość mineralizacji N wykazuje dodatnią korelację ze stężeniem OM i zawartością gliny w glebie (SMETHURST, 2000). Gleby o drobnej konsystencji i wysokim stężeniu C wykazują wysokie tempo mineralizacji N w lasach pierwotnych (SILVER *i in.*, 2000). Należy zauważyć, że w procesie rozkładu i przekształcania MG w składniki prostsze, uwolnienie pierwiastków jonowych (kationów i anionów) prowadzi również do uwolnienia jonów H+ (patrz rysunek 6.1) do środowiska śródmiąższowego gleby. Jest to faza zakwaszająca proces rozkładu, która zakłóca stopień nasycenia zasadowego (Rysunek 6.14). Oscylacje w zasobach składników pokarmowych gleby oraz stopień rozpuszczalności składników jonowych bezpośrednio zakłócają zdolność wymiany kationowej w układzie.

Saturacja zasadowa wskazuje na ogólne warunki żyzności gleby i może być klasyfikowana w granicach warunków eutroficznych, gdy nasycenie wynosi ≥50 %, a dystroficznych, gdy V wynosi ≤50 %. Pod względem przydatności do zastosowania wymóg korekty glebowej można ocenić za pomocą wartości V (%), uzyskując stosunek kationów głównych (K+, Ca2+ i Mg2+). Według SIMONETE *et al.* (2003) nasycenie gleby zwiększa się wraz z zastosowaniem osadów ściekowych, prawdopodobnie na skutek obecności wapnia, magnezu i sodu w powstawaniu tych odpadów oraz jednoczesnej insolubilizacji wymiennego w glebie Al. Autorzy badający stosowanie różnych dawek osadów ściekowych w uprawianych czerwono-żółtych Argizolu uzyskali wartości V powyżej 70% w dawce 50 Mg/ha osadu. LOURENZI *et al.* (2016) badali wpływ zastosowania świńskiej trzody chlewnej i nawożenia mineralnego na Dystroficzny Czerwony Latosol, z kolejnością upraw rocznych, uzyskał wartości nasycenia powyżej 95% na głębokości 0-4 cm. HOMEM *i wsp.* (2014) analizując stosowanie pozostałości płynnych trzody chlewnej w różnych dawkach w Dystrophic Red-Yellow Latosol, uprawianej na pastwiskach, uzyskali wartości nasycenia zasadami od 50 do 60%.

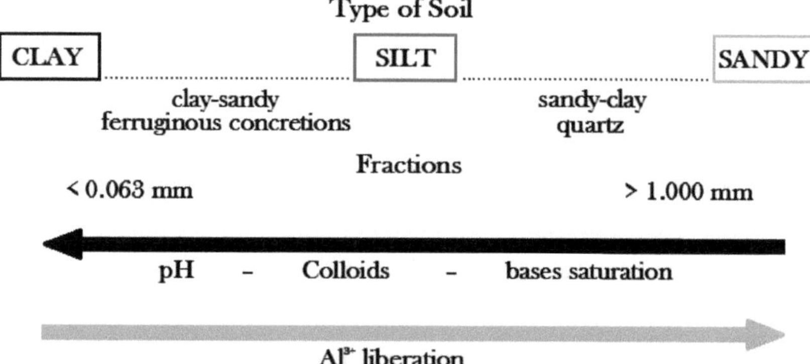

Rys. 6.14. Tendencje zmian pH, zawartości Al3+ i nasycenia zasadowego w glebach o zmiennej zawartości gliny i piasku.

Tabela 6.10 podsumowuje główne zależności pomiędzy CEC a

strukturą gleby, na podstawie badań opracowanych przez Departament Nauk o Uprawach Roślin i Gleb w CUCE, Nowy Jork (CUCE, 2006).

Tabela 6.10: Skutki zróżnicowania CEC w glebach. (Źródło: CUCE, 2006).

Stan:	Skutek:
Wyższa CEC	Im więcej gliny lub OM jest obecne w glebie. Oznacza to zazwyczaj, że gleby o wysokim CEC (gliniaste) mają większą zdolność zatrzymywania wody niż gleby piaszczyste o niskim CEC (piaszczyste).
Wysoka CEC	Gleby są mniej podatne na wymywanie strat tych kationów. Tak więc, dla gleb piaszczystych, duży jednorazowy dodatek kationów (np. K) może prowadzić do dużych strat wymywania. Częstsze dodawanie mniejszych ilości kationów jest lepsze.
Niska CEC	Gleby są bardziej narażone na niedobory K i Mg.
Obniżenie CEC	Im szybciej pH gleby będzie spadać wraz z upływem czasu. Tak więc gleby piaszczyste muszą być wapnowane częściej niż gliniaste.

6.8 Podstawy wymienne

Nasycenie bazowe to procent CEC, które jest nasycone kationami zasadowymi wymiennymi (Na+, K+, Ca2+ i Mg2+), gdzie V% jest wskaźnikiem pomiędzy CECsum a potencjalnym lub całkowitym CEC (CECp), jak wskazuje równanie 6.3. Gleba zostaje zatrzymana, gdy wymienne kationy nasycą wszystkie dostępne miejsca kompleksu glebowo-chłonnego, co daje 100% nasycenia. W takich warunkach nie występują kationy kwaśne, takie jak H+ i Al3+, co jest wg DUCHAUFOUR (1998) charakterystyczne dla gleb o wysokim poziomie Ca2+. Wyższe niż 100% nasycenie zasadowe wskazuje na obecność soli rozpuszczalnych lub wapna oraz wolnych kationów, które nie są związane z kompleksem glebowym. W glebach nienasyconych znaczną część kompleksu stanowią kationy kwaśne. Nasycenie bazowe jest bardzo zróżnicowane w zależności od rodzaju gleby i jej poziomów, w zależności od zawartości materii organicznej, próchnicy i pH.

Znajomość relacji pomiędzy wymienialnymi bazami jest bardzo ważna, ponieważ składniki odżywcze konkurują o te same punkty wymiany CEC. Tak więc, nadmiar jednego jonu może prowadzić do indukowanego niedoboru pozostałych jonów. Na przykład, każda odmiana wymaga specyficznej relacji pomiędzy bazami, zgodnie z ich potrzebami żywieniowymi. W ten sposób wiedza na temat równowagi jonowej jest ważna w działaniach związanych z gospodarką rolną. Na przykład w glebach uprawnych PEDROSO NETO i COSTA (2012) jako idealne stosunki jonowe wymieniają Ca2+/Mg2+ ([3]:1); Ca2+/K+ (9:1) i Mg2+/K+ (3:1). Ważne jest również, aby obserwować nasycenie każdej bazy w całkowitej lub potencjalnej (CECp) glebie. Każda hodowla wymaga specyficznego nasycenia każdego składnika odżywczego lub jonu. Według PEDROSO NETO & COSTA (2012), nasycenie uważane za dobre dla większości upraw przedstawia następujące przyczyny: IRCa2+= 45; IRMg2+= 15 i IRK+= 5. Obliczenia te można uzyskać z połączenia równania 2.1, które opisuje nasycenie bazowe (V), oraz równania 5.26, które opisuje sumę wszystkich wymienialnych baz. Mamy więc równanie 6.5:

$$\left|\begin{array}{l} V = \dfrac{100 \times \sum B}{CEC_p} \\ CEC_{sum} = [Na^+] + [K^+] + [Ca^{2+}] + [Mg^{2+}] \end{array}\right. \Rightarrow$$

$$V = \frac{CEC_{sum}}{CEC_p} \times 100 \Rightarrow IR_i = \frac{CEC_{sum} - (CEC_{sum} - [ion_i])}{CEC_p} \qquad \text{(Eq. 6.5)}$$

Gdzie: IRi (%); [Jon] to stężenie pierwiastka jonowego w cmolc/dm3.

Innym przykładem zastosowania informacji o CEC jest RITCHEY *et al.* (1982), który sugeruje użycie wymiennej zawartości wapnia, wraz z nasyceniem aluminium w efektywnym CEC, jako kryterium do określenia potrzeby aplikacji tynku w korekcie kwasowości gleby. Według autorów, w podglebiach poniżej 20 cm głębokości, o kwaśnych i silnie zwietrzałych cechach regionu Cerrado, kultury są zwykle bardziej ograniczone przez niedobór Ca2+ niż przez toksyczność Al3+. SOUSA & LOBATO (2002) zaleca dla gleb Cerrado ze środkowo-zachodniej Brazylii stosowanie gipsu, gdy zawartość Ca2+ pomiędzy głębokością 20 a 60 cm jest mniejsza niż 0,5 cmolc/kg. W São Paulo, RAIJ *i in.* (1996) uważają, że stosowanie gipsu do korekcji gleby i wspierania wzrostu korzeni w podglebiu jest konieczne, gdy warstwy gleby pomiędzy głębokością 20 a 40 cm mają wymienialne Ca2+ mniejsze niż 0,4 cmolc/kg.

Zdecydowana większość gleb jędrnych Terra w Amazonii jest uważana za ubogie w składniki odżywcze, kwasy i o niskim CEC (VIEIRA & SANTOS, 1987). Gleby pod pierwotnym lasem jodłowym Terra w Amazonii Środkowej wykazują te cechy (FERRRE *et al.*, 1998; FERREIRA *et al.*, 2001), jak również niską zdolność dostarczania wody roślinom (FERREIRA *et al.*, 2002, 2004). Gorący i wilgotny klimat regionu, z dużymi opadami, ułatwia i intensyfikuje procesy wietrzenia i wymywania jonów. W przypadku wylesiania lasów, ekspozycja gleby na opady i wysoką temperaturę, w połączeniu z gęstą strukturą podłoża geologicznego, pozwala na łatwe odprowadzanie wody perkolacyjnej, co powoduje, że wietrzenie jest bardziej intensywne (SCHUBART *i in.*, 1984).

W odniesieniu do składników jonowych, zarówno w lasach amazońskich jak i atlantyckich, Na+ był pierwiastkiem o najwyższej częstotliwości występowania niskich stężeń, szczególnie w glebach łatwiej wymywanych lub tymczasowo zalewanych. Jednak w miarę przesuwania się w kierunku regionu przybrzeżnego, w pobliżu ujścia wielkich rzek Amazonii, można było zaobserwować znaczny wzrost stężeń Na+. W odniesieniu do K+, element ten przedstawił rozkład zgodny z geologicznym rozkładem wiekowym, jak sugerowali QUESADA *i in.*

(2010), przy niższych stężeniach w środkowej Amazonii, zwłaszcza na Nizinie Amazońskiej, którą tworzą głównie nowe gleby (Quaternário Recente), w porównaniu z północną i południową granicą Amazonii. K+ jest powszechnie kojarzona z ograniczeniami żywieniowymi produktywności zarówno w Puszczy Amazońskiej, jak i w innych systemach tropikalnych (QUESADA *i in.*, 2012). Dla Ca2+ można było zaobserwować przestrzenny wzorzec wyższych wartości w glebach zachodniego regionu Amazonii, potwierdzając badania opracowane przez QUESADA *et al.* (2010), które śledziły rozkład jonowy z okolic regionów andyjskich i przedalpejskich. Pomimo dużych opadów deszczu w Amazonii, średnio 2500 mm/rok, przy maksymalnych wartościach powyżej 4000 mm/rok w regionie andyjskim, poziom wapnia był wysoki na niektórych rodzajach gleb. Najwyższe stężenia Ca2+ występowały w glebach Gleysols i Plinthsols. Gleby te są glebami o niskim poziomie rozwoju pedogenetycznego, co tłumaczy ich wyższe stężenia Ca2+ w środowisku o wysokiej pogodzie (QUESADA *i in.*, 2010, 2011). Inne, bardziej rozwinięte gleby, takie jak Lixisols i Nitisols, nie objęte próbą w niniejszym opracowaniu, mają również wyższe średnie stężenia Ca2+, co prawdopodobnie wiąże się z najlepszym materiałem źródłowym tych gleb (QUESADA *i in.,* 2011). Mg2+ wykazywało wyższe stężenia w glebach bardziej na południowy zachód od środkowej Amazonii, jak również w regionie przybrzeżnym. Ca2+ występuje w sposób naturalny w materiale bazaltowym pochodzenia iglastego, natomiast Mg2+ charakteryzuje się niską koncentracją w różnych materiałach źródłowych, z wyjątkiem nieskonsolidowanego morskiego materiału skalnego. Najwyższe stężenie Al3+ obserwowano w zachodniej części basenu Amazonii. Al3+ jest uważany za ważny element w żywieniu roślin, ponieważ w glebach kwaśnych element ten może stać się toksycznym podłożem korzeni, zakłócając proces wchłaniania składników pokarmowych przez roślinę. Nie ma jednak żadnych obserwacji dotyczących toksyczności glinu w rodzimych lasach tego regionu, a wysokie poziomy tego pierwiastka związane są z minerałami ilastymi 2:1 o wysokim poziomie Al3+, które nie byłyby dostępne w roztworze glebowym. Aluminium występuje w największych stężeniach w typach skał andesyckich oraz w skałach osadowych nieskonsolidowanych i rzecznych.

W porównaniu z glebami badanymi w Puszczy Atlantyckiej, gleby Amazonii mają niskie stężenie kationów, zwłaszcza wapnia, co może być spowodowane wysokim wskaźnikiem wietrzenia i wymywania Amazonii. Suma zasad (CECsum), będąca wynikiem sumy jonów zasadowych i ziem alkalicznych, pozostawała w pewnej stałości w prawie wszystkich badanych punktach. Wyjątkiem były miejsca w glebach Dystroficznego Żółtego Latosolu (LAd) Amazonii, których wartości były znacznie niższe. CECe definiuje się jako wynik sumy CECe i zawartości glinu. Po opracowaniu stosunku graficznego pomiędzy tymi dwoma parametrami (rysunek 6.15) można zauważyć znaczący wpływ jonów Al3+ zarówno w wymiennym CEC jak i całkowitym CEC badanych gleb. Sugeruje to, że większość gleb badanych w obu biomach to gleby w przeważającej mierze alityczne. Średnie wartości przedstawione w tabeli 6.11 potwierdzają tę obserwację.

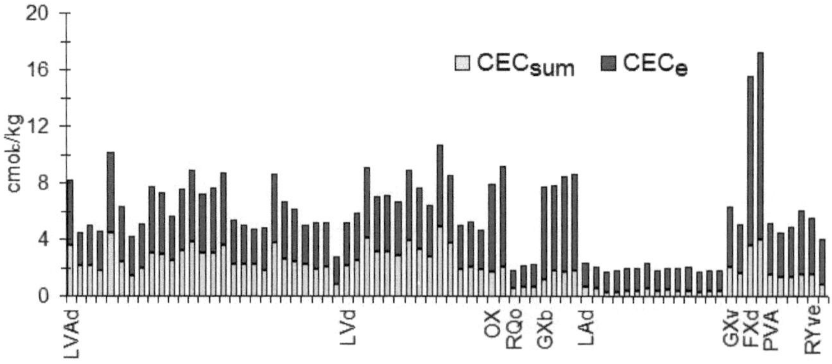

Rysunek 6.15: Różnica między CECsum i CECe dla gleby, z której pobrano próbki.

Kwasowość wymienialna, mierzona w cmolc/kg, odnosi się do jonów Al3+ i H+, które są wymienialne i adsorbowane na powierzchniach koloidów mineralnych lub organicznych za pomocą sił elektrostatycznych. W glebach przeważnie alkalicznych, podobnie jak w większości gleb, z których pobierane są próbki, zawartość Al ma silny wpływ na pH układu woda śródmiąższowa - gleba. Ponieważ w glebach mineralnych H+ jest bardzo mało wymienialny, im niższa jest zawartość OM w tych glebach, tym większy jest stosunek kwasowości wymiennej do Al wymiennego, który w pewnym momencie będzie uważany za równoważny. Natomiast w glebach organicznych, ze względu na wysoką zawartość wymiennego H+, nie można przyjąć tej równoważności.

Tabela 6.11: Średnie wartości wyznaczone dla kationowych baz wymiennych na obszarach Lasu Atlantyckiego i Lasu Amazońskiego.

Obszar	Gleba	**Podstawy wymienne** (cmolc/kg)					
		Na+	K+	Ca2+	Mg2+	Al3+	H+
Las Atlantycki	LVA	0.03	0.11	1.55	0.93	1.08	5.60
	LVd	0.05	0.13	1.86	0.98	0.95	2.02
	OXy	0.01	0.18	0.87	0.82	4.78	8.64
	GXb	0.10	0.35	0.90	0.26	4.94	4.80
	RQo	0.02	0.13	0.35	0.15	0.90	3.72
Las Amazońsk	LAd	0.01	0.04	0.27	0.07	1.17	5.92
	FX	0.10	1.00	1.45	1.25	8.77	6.87
	PVA	0.02	0.43	0.33	0.66	2.28	3.74
	GXv	0.13	0.30	1.15	0.25	2.08	7.35
	RYve	0.01	0.07	0.82	0.23	2.47	3.62

Na obszarach uprawnych główna troska o korektę kwasowości gleby wynika z braku lub niskiej koncentracji związków organicznych, a także z obecności gleb piaszczystych i ich kombinacji. Wymienna kwasowość, znana również jako Al wymienna lub szkodliwa kwasowość, ma szkodliwy wpływ na normalny rozwój dużej liczby upraw. Kiedy mówi się, że gleba jest toksyczna dla glinu, oznacza to, że gleba ta ma wysokie wskaźniki kwasowości wymiennej lub szkodliwej. Jednym z głównych efektów stosowania wapna w glebie jest wyeliminowanie tego typu kwasowości. Na rysunku 6.16. przedstawiono schematycznie zależność pomiędzy CECsum, CECe i CECp dla badanych gleb. Kwasowość czynna, liczbowo równoważna sumie zasad, jest podana dla średniego pHH2O gleb (pH= 4,71). CECp przy pH 7,0 (obojętny) reprezentowany jest przez zbiornik, który obejmuje sumę zasad (Na+ + K+ + Ca2+ + Mg2+), kwasowość wymienną (Al3+) i kwasowość niewymienną (H+). Innym aspektem wskazanym na rysunku jest to, że CECsum zajmuje około 50% CECe i około 20% CECp przy pH 7,0. W związku z tym, koncepcja nasycenia zasadowego zależy od koncepcji CEC. W oparciu o koncepcję opracowaną przez RAIJ (1981) oraz według LOPES & GUILHERME (2004), w związku z dodawaniem wapienia do gleby, dla celów korekcji pH, zwiększa się zawartość Ca i Mg jednocześnie obniżając zawartość Al (od pH 5,6). W tym scenariuszu Al nie może istnieć i w związku z tym procentowy poziom nasycenia CEC na Al powinien wynosić praktycznie zero. Innymi słowy, procent nasycenia zasadowego CECe powinien wynosić 100%, w przeciwnym razie kwasowość wymienialna przestanie istnieć. Na glebach zmienionych pod kątem uprawy, jak to zaobserwowano w Amazonii na polach campina i campinarana, często praktykowane jest wapnowanie do produkcji na dużą skalę. W tych przypadkach duża część CEC przy pH 7,0 jest zajmowana przez jony H+, które są neutralizowane przez działanie wapienia, co powoduje uwalnianie się anionów, które są nierozdzielone. Według RAIJ (1981), nastąpi to tylko przy wzroście pH powyżej wartości 5,6, gdzie Al lub kwasowość wymienialna już nie działa. Stosowanie nawozów płynnych jest kolejnym czynnikiem zakłócającym CEC poprzez zwiększenie ładunku jonów Ca2+ i Mg2+, a w konsekwencji zwiększenie CECsum. SIMONETE *et al.* (2003), badając wpływ dawek osadów ściekowych na plonowanie kukurydzy w czerwono-żółtych argizolach, zaobserwował znaczny wzrost CECsum (powyżej 10,4 cmolc/kg) przy zastosowaniu 50 Mg/ha. HOMEM *et al.* (2014), badając wpływ stosowania pozostałości świńskich w różnych dawkach, na Dystroficzne czerwono-żółte latosole na pastwiska, określił wzrost CECsum do 4,24 cmolc/kg w warstwach 0-20 i 20-40 metrów.

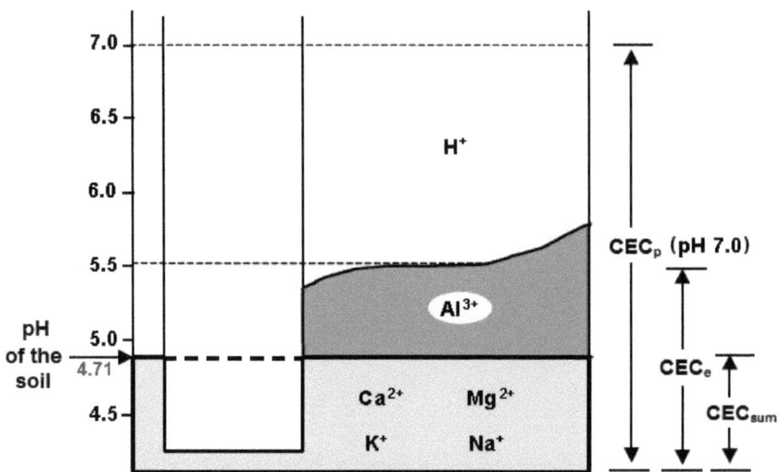

Rysunek 6.16. Zależność między sumą baz (CECsum), efektywnym CECe (CECe) i potencjalnym CECp (CECp) w glebach objętych próbą, na podstawie schematycznej reprezentacji RAIJ (1981).

Zgodnie z koncepcjami i zastosowaniami przedstawionymi przez LOPES & GUILHERME (2004) możliwe jest ustalenie niektórych definicji związanych z kwasowością gleby:

a) **Kwasowość czynna**: jest podawana w postaci stężenia jonów H+ w roztworze glebowym, wyrażonego w postaci pH, w skali, która w większości gleb brazylijskich wynosi od 4,0 do 7,5.

b) **kwasowość wymienna**: odnosi się do jonów Al3+ i H+ wymiennych i adsorbowanych na powierzchniach koloidów mineralnych lub organicznych przez siły elektrostatyczne.

c) **Kwasowość niewymienna**: jest definiowana jako ilość kwasowości wymiennej pozostająca w glebie po usunięciu kwasowości wymiennej roztworem obojętnej, niebuforowanej soli, np. 1 mol/L KCl. Ten rodzaj kwasowości jest reprezentowany przez H+ w wiązaniu kowalencyjnym, a więc trudniejszy do złamania, z frakcjami organicznymi i mineralnymi gleby.

d) Kwasowość potencjalna lub całkowita: odnosi się do całkowitego H+ w wiązaniu kowalencyjnym plus wymienny H+ + Al3+, używany do jego oznaczania roztwór buforowany do pH 7,0.

Omówienie korelacji pomiędzy poziomem pH i CEC różni się w zależności od autora. Wynika to z dużej różnorodności gleb, o bardzo różnych właściwościach, jak już wspomniano, o różnych poziomach OM, gliny i stężenia jonów Al3+ i H+. Analiza przedstawiona na rysunku 6.12 wskazuje na słabą korelację pomiędzy pH wody a CEC. Ponadto, wyniki wskazują na interferencję frakcji OM i iłów w glebach słabo kwaśnych oraz interferencję jonów H+ w glebach silnie kwaśnych. Analizując korelację pomiędzy pH wody a nasyceniem zasadowym (V%), można zaobserwować dwa różne zachowania. Analizując dane sumaryczne dla biomów Lasu Atlantyckiego i Lasu Amazońskiego, obserwuje się odwrotnie proporcjonalną krzywą korelacji pomiędzy pHw i V (rysunek 6.17). To samo zachowanie obserwuje się w przypadku analizy ograniczającej dane dotyczące pH wody w glebach kwaśnych do silnie kwaśnych (pH ≤4,5) (ryc. 6.18). Odwrotna sytuacja występuje w przypadku analizy pHw w glebach słabo kwaśnych (pH >4,5) (rysunek 6.19). Jak już wspomniano, SANTOS *i wsp.* (2002) ustalają bezpośredni związek pomiędzy CEC i pH w glebie, który w tym przypadku można rozszerzyć do związku pomiędzy V i pH. Nie było to jednak zachowanie zaobserwowane we wszystkich analizach. Zaobserwowana dodatnia korelacja pomiędzy pHw i V dla gleb o pH >4,5 (rys. 6.19) sugeruje, że w tych okolicznościach następuje obniżenie poziomów Al przy jednoczesnym zwiększeniu dostępnych stężeń Ca i Mg do wymiany. MOREIRA & FAGERIA (2009) podała, że pH w glebach Amazonii miało istotny pozytywny związek z Ca2+, co oznacza, że rosnące pH gleby poprawiło zawartość Ca2+. Według WANG *et al.* (2005) istniała dodatnia korelacja pomiędzy zawartością CEC w glebie a zawartością organiczną

C (R2= 0,34) oraz zawartością gliny (R2= 0,59), natomiast ujemną korelację zaobserwowano pomiędzy zawartością CEC w glebie a zawartością piasku glebowego (R2= 0,43) w glebach wapiennych o szerokim zakresie CaCO3. Według BERRY & WILDING (1971) współczynnik korelacji (r) pomiędzy pH mierzonym w wodzie a KCl i V (%) wahał się od 0,596 do 0,928 w glebach kwaśnych stanu Ohio (USA). Stwierdzono silniejszą korelację między pH mierzonym w wodzie a V (%) niż w pH mierzonym w KCl. MOREIRA & FAGERIA (2009) podała, że na glebach Amazonii pH <5,4 (96,5% badanych gleb) stwierdzono istotną dodatnią zależność między nasyceniem zasadowym a pH, przy współczynniku korelacji r= 0,49.

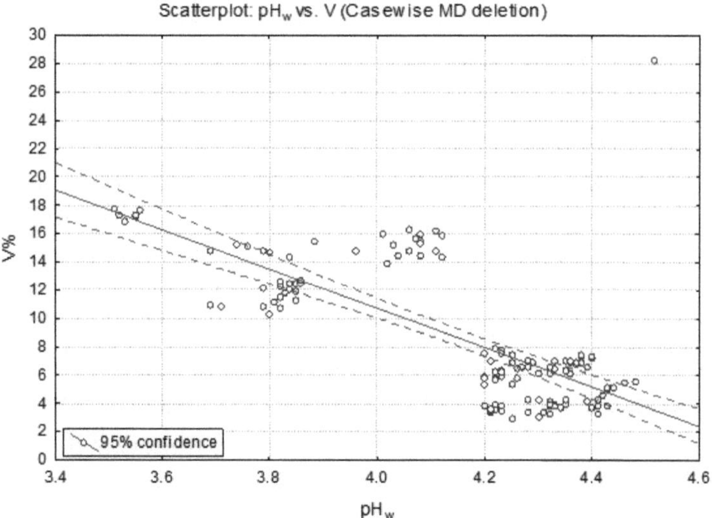

Rysunek 6.17: Zależność funkcjonalna pH i nasycenia zasadowego V (%) wszystkich analizowanych próbek gleby (*n*= 444).

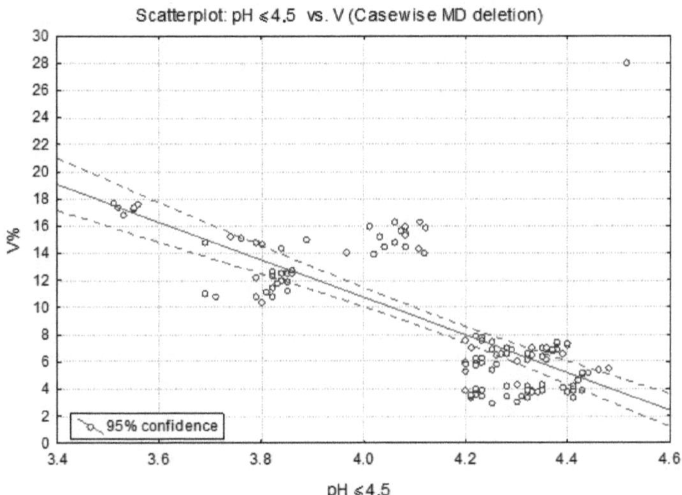

Rysunek 6.18: Zależność funkcjonalna pH i nasycenia zasadowego V (%) dla gleb silnie kwaśnych (pH ≤4,5; *n*= 133).

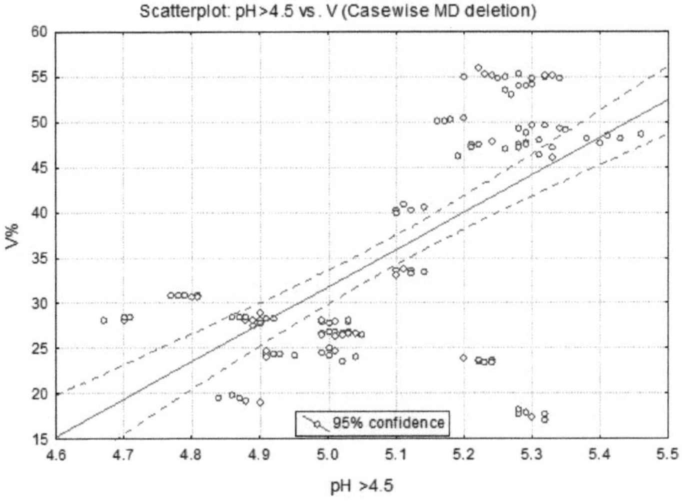

Rysunek 6.19: Zależność funkcjonalna pH i nasycenia zasadowego V (%) dla słabo kwaśnych gleb (pH >4,5; n= *311*).

Tabela 6.12: Współczynnik korelacji i zależność funkcjonalna dla pomiarów pH i V (%) w Lasach Atlantyckich i Amazońskich.

	r	r2	*a**	*b**
pHwxV	-0.7031	0.4943	-13.870	66.234
pHw ≤4,5xVp	-0.7004	0.4905	-13.868	65.872
pHw >4,5xVp	0.6392	0.4085	41.255	-174.50

*współczynnik równania liniowego; zaznaczone korelacje są istotne przy p <0,05.

6.9 Bilans jonowy

Aby zrozumieć zachowanie się składników odżywczych w glebie, zawsze należy określić, czy jony zachowują się jak kationy lub aniony. Kationami interesującymi się cyklem obiegu składników odżywczych i żyznością gleby są: K+, Ca2+, Mg2+ i NH4+. Na+ jest szczególnie ważny w regionach suchych i półsuchych oraz w obszarach przybrzeżnych, gdzie jego stężenie może gwałtownie wzrosnąć, albo w wyniku pionowego przepływu wody, obejmującego proces ewapotranspiracji, albo w wyniku transportu soli. Ponadto nadmiar jonów Na+ w glebie, oprócz tego, że powoduje szkody w fizycznych i chemicznych właściwościach gleby, powoduje ograniczenie wzrostu roślin uprawnych, powodując poważne szkody w działalności rolniczej (CAVALCANTE *i in.*, 2010). Zasolenie gleby może być określane przez nadmiar soli rozpuszczalnych, zwłaszcza Na+ wymienialnych między poziomami lub warstwami powierzchniowymi, wpływających na rozwój systemu korzeniowego roślin. APRILE *et al.* (2004), badając jakość wody rzek Capibaribe i Ipojuca, w półpustynnym regionie Pernambuco, określił silne zasolenie Na+ w glebach na skutek procesu przemieszczania się wody pomiędzy warstwami w kierunku powierzchni, procesu identyfikowanego przez autora pod wpływem parowania gleb powierzchniowych. Na+ w wysokich stężeniach w glebie może powodować wzrost przewodności elektrycznej i spadek potencjału osmotycznego gleby, co powoduje, że woda jest mniej dostępna SILVA *i in.*, 2010). Zasolenie w glebach uprawnych jest związane z reakcjami roślin na fizjologię i przemianę materii, wpływającymi na rozwój roślin, powodującymi obniżenie wydajności, a w poważniejszych przypadkach prowadzącymi do ich śmierci (FARIAS, 2008). Istotne dla żyzności gleby są aniony makroskładnikowe: NO3-, PO43- i SO42-. Istotne są również jony węglanowe i wodorowęglanowe, ze względu na ich udział w procesie buforowania gleby. Z punktu widzenia żyzności, jony Fe3+, Cu2+, Zn2+, Mn2+, MoO42-, Cl- i BO32- są nadal uważane za ważne. Generalnie gleby posiadają ujemne bilanse ładunkowe jonów K+, Ca2+, Mg2+ i NH4+, co sprzyja ich adsorpcji.

Pod względem mobilności i zdolności adsorpcji gleby, K+ zachowuje się jak kation monowalentny, dzięki czemu może być łatwo wymywany, wchłaniany przez rośliny, adsorbowany do gliny i OM lub pozostawać w roztworze w wodzie śródmiąższowej. Potas jest obecny w glebie w kilku formach: w roztworze, wymienny, niewymienny i mineralny, przy czym dwie pierwsze z nich występują w najniższej proporcji. K+ charakteryzuje się wysoką mobilnością w glebie i w związku z tym jest łatwo wymywalny, a jego udział w CEC jest z reguły niski, szczególnie w neozolach i innych glebach piaszczystych. Według WERLE *et al.* (2008) wysokie stężenie gliny w glebie może ułatwić osadzanie K+ w kompleksach glebowych, zmniejszając tym samym wymywanie. Według BERTOL *et al.* (2004) K+ w glebie i odpadach organicznych może zostać łatwiej utracony przez wymywanie w porównaniu z jonami Ca2+ i Mg2+. Ca2+ jest silnie adsorbowany do koloidów oraz do systemów korzeniowych roślin i może być uzależniony od pH w wodzie śródmiąższowej i może być wymywany. Zawartość wapnia zależy od materiału pochodzenia (skały), na który ma wpływ struktura gleby, zawartość OM i usuwanie przez rośliny. Na ich dostępność dla roślin, a także dostępność jonów K+ i Mg2+, wpływa ilość składników odżywczych dostępnych w glebie oraz stopień nasycenia kompleksu wymiennego i związek z innymi kationami kompleksu koloidalnego (COELHO & VERLENGIA, 1973; MALAVOLTA, 1976).

Badania opracowane przez FERREIRA *i in.* (2001) w profilach glebowych pozostałego obszaru lasu i karczunku, oba wynikające z selektywnego pozyskania drewna w Terra firme w środkowej Amazonii (stan Amazonia), sugerują następującą kolejność koncentracji jonów: Al3+ > Ca2+ > K+ > Mg2+ w porze deszczowej, a Al3+ > K+ > Mg2+ > Ca2+ na początku okresu suchego. Dane uzyskane przez LUIZÃO & SCHUBART (1987), LUIZÃO & LUIZÃO (1991) na podobnych obszarach amazońskich lasów deszczowych wskazują na następującą malejącą kolejność składu jonowego: Ca2+ > Na+ > Mg2+ > K+ > NO3- > NH4+ w czasie deszczu, a Na+ > Ca2+ > NO3- > K+ > Mg2+ > NH4+ w czasie suszy. Niedawno FERREIRA *i in.* (2006) doszli do wniosku, że wymienne bazy, Mg2+ i K+, występowały na przemian w roztworze glebowym i miały tendencję do zmniejszania się od okresu deszczowego do przejściowego (pora suchych deszczy), intensywniej w karczmie niż w lesie.

W Puszczy Atlantyckiej równowaga jonowa sugeruje dominację gleb wapniowo-magnezowych do umiarkowanych, zwłaszcza w przypadku cystrofowych czerwono-żółtych oksyizoli (LVAd). Jeśli chodzi o ładunek anionowy, przeważają gleby węglanowe, z bardzo niskimi poziomami Cl- i SO42- (Rysunek 6.20). Neosol kwarcowy optyczny (RQo) i glejusol histroficzny Haplic Dystrophic (GXb) znajdowały się nieco poza schematem trendu równowagi jonowej, gdyż oba miały niższe poziomy Ca2+ i Mg2+. W Puszczy Amazońskiej równowaga jonowa była znacznie bardziej niejednorodna, co wskazywało na obecność gleb wapniowo-magnezowych do umiarkowanych (Dystroficzny żółty Latosol - LAd) do silnie magnezowych gleb wapniowych (Alitic Red Argisol - PVAa). Bilans anionowy wskazywał na obecność gleb o niskiej zawartości węglanów i lekko zasiarczonych, szczególnie na glebach LAd (Rysunek 6.21). Wynika to prawdopodobnie z silnego wietrzenia związanego z wymywaniem przez erozję wodną. Wyniki potwierdzają fakt, że gleby amazońskie były bardziej kwaśne. Analizując całkowity bilans próbek (*n*= 444), stwierdzono silne podobieństwo pomiędzy większością badanych punktów, ze szczególnym uwzględnieniem gleb LVAd (grupa 1) i LAd (grupa 2), z pewną rozbieżnością dla gleb PVAa i OX , w aspekcie kationowym. W przypadku równowagi anionowej najistotniejsze były gleby LAd, z przewagą siarczanów w stosunku do innych anionów (rysunek 6.22).

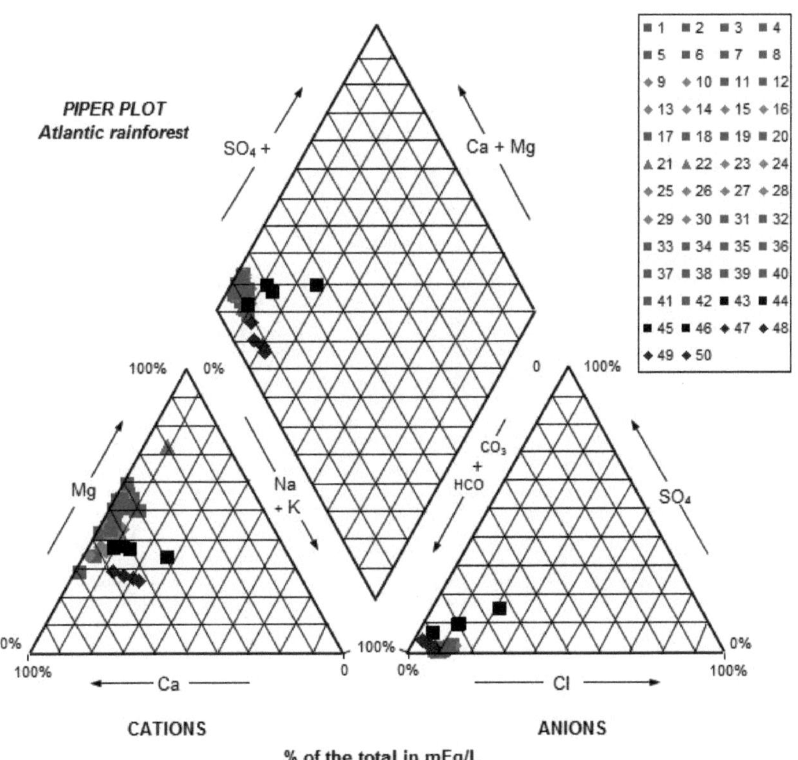

Rysunek 6.20. Bilans jonowy dla gleb badanych w lesie atlantyckim (*n*= 300).

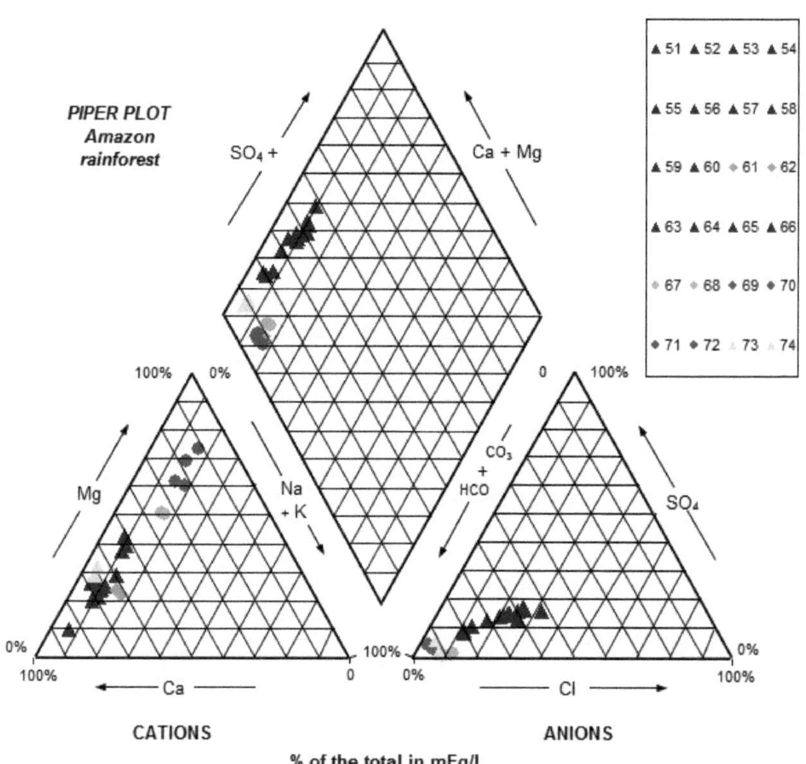

Rysunek 6.21: Bilans jonowy dla gleb badanych w Puszczy Amazońskiej (n= 144).

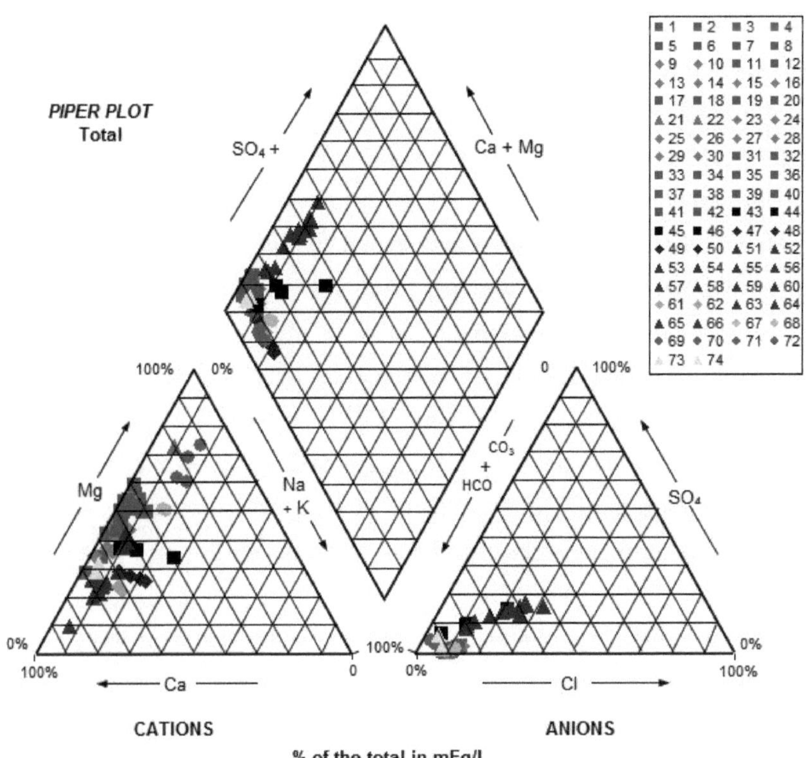

Rysunek 6.22: Równowaga jonowa dla wszystkich gleb objętych próbą (*n*= 444).

W zależności od struktury gleby, w niektórych przypadkach zawartość K+ i Mg2+ w formie strukturalnej może stanowić odpowiednio więcej niż 1,2% i 4,5% całkowitej masy gleby (MELO *i in.*, 2000). Najwyższe stężenia K+ i Mg2+ występujące w formie strukturalnej w glebach brazylijskich występują we frakcjach mułowych i piaskowych (SILVA *i in.*, 1995; CASTILHOS *i in.*, 2002) oraz ich frakcjach łączonych. Istnieje ścisła korelacja pomiędzy zawartością mułów a zdolnością gleby do dostarczania K+ z jej rezerwy strukturalnej. Jednak w wartościach bezwzględnych frakcja ilasta, głównie w postaci kaolinitu i minerałów 2:1, może zawierać większość K+ i Mg2+, zwłaszcza na glebach bardziej zwietrzałych (MELO *i in.*, 2000). Gleby mniej zwietrzałe wykazują jednak wyższe rezerwy K+ i Mg2+ ogółem w porównaniu z latosolami, w których rezerwy te są bardzo niskie (MELO *i in.*, 2000).

Niewymienne zawartości K+ (Kolano; tabela 6.13) oznaczane w glebach brazylijskich są zwykle w stężeniach od 1 do 3 razy większych od ilości wymiennych K+ (Ke). Według KAMINSKI *et al.* (2007), gleby o znacznej ilości kationów w formach niewymiennych, zwłaszcza potasu, mają efekt buforowy, zdolny do utrzymania odpowiedniej zawartości dostępnych pierwiastków w czasie, bez konieczności okresowego nawożenia. Jednak np. gleby o niskim poziomie zagęszczenia wymagają interwencji z okresowym nawożeniem, aby uzyskać dobrą wydajność upraw. Występuje to w większości silnie wietrzonych Latosoli i glebach piaszczystych.

Całkowite kationy obecne w roztworze śródmiąższowym gleby, zwłaszcza KT, są w równowadze z wymiennymi formami kationów, a te z kolei są stale zastępowane przez rozkład cząsteczek organicznych, składników pokarmowych zawartych w formach niewymiennych i składników pokarmowych obecnych w formie strukturalnej w niektórych minerałach glebowych (SPARKS, 1987). Biorąc pod uwagę, że kationy ogółem są sumą frakcji niewymiennych i wymiennych, a frakcja wymienna adsorbowana przez rośliny jest stale zastępowana, można przyjąć, że istnieje bezpośrednia korelacja pomiędzy całkowitą zawartością kationów danego pierwiastka a jego frakcją w postaci niewymiennej.

Tabela 6.13: Średnie stężenie (cmolc/kg) K+ ogółem (KT), niewymienne (KNE) i wymienne (KE) w glebach tropikalnych w funkcji rodzaju tekstury.

Gleba	Region	Horizon	KT	Kolan	Ke	Ref.
Czerwony Argisol	SE	B	28.91		0.06	1
Czerwony Argisol	S	A	2.63	0.51	0.12	2
Czerwony Argisol	S	A	7.71	1.19	0.39	3
Żółty czerwony Argisol	SE	B	43.33		0.25	1
Ebanic Chernosol	S	A	5.60	0.23	0.15	4
Ebanic Chernosol	S	A	5.60		2.30	5
Ebanic Chernosol	S	B	8.11		3.73	5
Haplic Gleysol	S	A	13.65	0.17	0.14	4
Haplic Gleysol	SE	A	2.87	0.06	0.06	6
Haplic Gleysol	S	A	13.59		5.98	5
Haplic Gleysol	S	B	11.28		1.24	5
Melanowy Gleysol	SE	A	2.66	0.17	0.30	6
Czerwony Latosol	SE	B	0.69		0.01	1
Czerwony Latosol	SE	B	1.10		0.02	1
Czerwony Latosol	SE	B	0.69		0.03	1
Czerwony Latosol	S	A	4.80	0.59	0.57	3
Czerwono-żółty Latosol	SE	B	0.65		0.02	1
Czerwono-żółty Latosol	SE	B	5.65		0.05	1
Fluvic Neosol	SE	A	21.70	0.61	0.17	6
Neosol kwarcowy	SE	C	0.39		0.01	1
Czerwony nitosol	SE	B	12.11		0.22	1
Czerwony nitosol	SE	C	1.09		0.02	1
Mesjański Organosol	SE	A	23.97	0.25	0.28	6
Haplic Plansol	S	A	4.97		0.60	5
Haplic Plansol	S	B	10.17		2.54	5
Planansol hydromorficzny	S	A	13.86		4.30	5
Planansol hydromorficzny	S	B	15.17		5.31	5
Vertisol	S	A	31.41	3.49	0.86	3

1MELO *et al.* (2003); 2KAMINSKI *et al.* (2007); 3MEURER & ROSSO (1997); 4MEURER & CASTILHOS (2001); 5CASTILHOS et al. (*2002)*; 6VILLA et al. (*2004)*.

Proces uwalniania składników pokarmowych z formy wymiennej do roztworu jest bardzo szybki i dynamiczny, natomiast uwalnianie składników pokarmowych z form niewymiennych kationów zachodzi wolniej (MEURER & ROSSO, 1997) i może nie być wystarczająco szybkie, aby zaspokoić potrzeby pokarmowe obszarów uprawnych. Formy kationów niewymiennych na ogół nie są wykrywane za pomocą tradycyjnych metod ekstrakcji. W kilku badaniach przeprowadzonych na glebach Cerrado określono ilości kationów wymiennych adsorbowanych przez rośliny w stężeniach większych niż ilości kationów ekstrahowanych metodami analitycznymi. Sugeruje to, że część objętości kationów niewymiennych może być bezpośrednio wchłonięta przez rośliny uprawne (ROSOLEM *i in.*, 1988; KAMINSKI *i in.*, 2007).

Zarówno kationy niewymienne, jak i formy koloidalne, które występują, gdy kationy są adsorbowane do struktury OM lub cząsteczki gliny (rysunek 2.7), przy czym obie formy występują w wysokich stężeniach w roztworze, a ich szybkość transmisji do form wymiennych jest ograniczona. Wyjaśnia to Prawo równowagi chemicznej, które stwierdza, że w tym przypadku nie może nastąpić znaczący wzrost objętości kationów wymiennych w roztworze. To standardowe zachowanie wyjaśnia, w jaki sposób w glebie występują naturalne zapasy kationów niewymiennych i strukturalnych.

Można postawić hipotezę, że istnieje równowaga chemiczna, gdzie stężenia niewymiennych kationów i form strukturalnych (CNE + kation strukturalny) kontrolują uwalnianie form wymiennych kationów (CE), poprzez mechanizm CE przez system korzeniowy roślin (rysunek 6.23).

Wymienna zawartość kationów (CE) jest w równowadze z całkowitą zawartością kationów w roztworze glebowym (woda śródmiąższowa) i kiedy jeden z nich zostanie usunięty z roztworu, zwykle przez wchłonięcie korzeni, możliwe jest zastąpienie wymiennej zawartości innymi kationami w roztworze (MALAVOLTA *i in.*, 1997). Według JAKOBSENA (1993) na aktywność kationów w roztworze glebowym wpływa koncentracja składników pokarmowych w warstwie wymiennej, a także obecność anionów w roztworze. Na podstawie tego stwierdzenia autor wyjaśnia, że zastosowanie KCl w glebie sprzyja chwilowemu wzrostowi wchłaniania innych kationów, takich jak Ca2+ i Mg2+. Jednak w warunkach sprzyjających wymywaniu chlorku, np. po bardziej intensywnych opadach deszczu, resztkowa zawartość K+ może spowodować zmniejszenie aktywności pozostałych jonów zasadowych w wodzie śródmiąższowej, a w konsekwencji zmniejszenie jej wchłaniania przez korzenie roślin. W tym sensie można powiedzieć, że koncentracja jonów K+ w roztworze glebowym reguluje dynamikę (transport i absorpcję) pozostałych jonów zasadowych w kierunku korzeni roślin. Koncentracja K+ w glebie reguluje więc stężenie jonów Ca2+ i Mg2+ w roztworze glebowym, a tym samym zakłóca CEC. Czy istnieje idealna zależność pomiędzy stężeniami kationów w CEC gleby? Zależność ta byłaby kontrolowana przez stężenie K+, oprócz innych czynników i właściwości gleby, takich jak pH, zasadowość, zdolność buforowania, struktura i wielkość ziaren itp. Z wielu badań wynika, że nie ma idealnej zależności pomiędzy kationami w CEC gleby (SIMSON *i in.*, 1979; STEVENS *i in.*, 2005; KOPITTKE & MENZIES, 2007). Wydaje się, że zmienność nasycenia K+, Ca2+ i Mg2+ w glebie CEC nie wpływa na dynamikę transportu i chłonności roślin, a w konsekwencji nie wpływa na produkcję roślin, pod warunkiem że zawartość wymienna każdego z nich jest odpowiednia (FAGERIA, 2001; OLIVEIRA i PARRA, 2003). Z podanych powodów, badania porównawcze analizy korelacji pomiędzy stężeniami jonów zasadowych powinny być ograniczone do wartości uzyskanych pomiędzy glebami o podobnych właściwościach fizykochemicznych (rodzaj gleby, konsystencja i porowatość).

Dynamika jonów w glebie jest zmieniana przez efekt wymywania. Jak już wspomniano, różnice w koncentracji jonów K+ zakłócają mobilność i aborcję pozostałych kationów w systemie glebowo-roślinnym. Utrata składników pokarmowych w wyniku wymywania gleby następuje, gdy składniki te występują w formie rozpuszczalnej, jako jony wolne i wymienne, będące częścią roztworu glebowego. Tak więc wyższa koncentracja składników pokarmowych w postaci wolnych jonów w roztworze glebowym oznacza większe prawdopodobieństwo ich utraty w wyniku wymywania (ISHIGURO *i in.*, 1992). Poza omówionymi już właściwościami fizykochemicznymi, które wpływają na mobilność i chłonność jonów przez rośliny, sugeruje się również inne, równie ważne w tym procesie właściwości, takie jak przewodnictwo wodne i porowatość gleby (DIEROLF *i in.*, 1997) oraz gatunki i stężenia związanych z nimi anionów, które są związane z siłą jonową i powstawaniem par jonowych (FIGUEIREDO, 2006).

Dynamika transportu jonów w wodzie śródmiąższowej gleby zależy od kilku cech i właściwości właściwych dla gleby, w tym od objętości roztworu, w którym jony są rozpuszczane. Ruch promieniowy jonów zależy również od ich wewnętrznej mobilności, która jest związana z wielkością cząsteczki jonowej lub wielkością promienia jonowego. Zatem ruch promieniowy K+ w roztworze glebowym odbywa się przede wszystkim poprzez dyfuzję i w mniejszym stopniu poprzez przepływ masy (ARAÚJO *i in.*, 2000; OLIVEIRA *i in.*, 2004). Jest to prawdopodobnie również obserwowane w przypadku jonu Na+. W przypadku jonów Ca2+ i Mg2+ ruch promieniowy zachodzi w mniejszym stopniu pod wpływem przepływu masowego (MALAVOLTA *i in.*, 1997). W odniesieniu do ruchu pionowego jonów, ERNANI *i wsp.* (2007) zaobserwowali, że trzy wymienione jony poruszają się preferencyjnie przez przepływ masowy. Te dynamiczne wzorce różnią się w mniejszym lub większym stopniu w zależności od porowatości gleby, głębokości, na której następuje ruch, oraz zasięgu korzeni roślin. Zarówno ruch promieniowy, jak i pionowy zakłócają CEC gleby, ponieważ mogą zmieniać indywidualne stężenie każdego z jonów, zmieniając w ten sposób końcową sumę zasad.

Na obszarach jędrnych Terra w Amazonii, piaszczyste gleby o dużej porowatości wykazują dużą dynamikę jonową, zarówno w przepływie poziomym jak i pionowym. Przewozy te nasilają się pod wpływem silnego wypłukiwania, które występuje w tym regionie, ze względu na wysokie wskaźniki opadów (> 2500 mm/rok). Efektem tej dynamiki jest zubożenie jonów w najbardziej powierzchniowej warstwie gleby, ograniczające wchłanianie składników pokarmowych przez korzenie roślin. Tego samego nie obserwuje się w rejonie Lasu Atlantyckiego, który choć charakteryzuje się również wysokimi opadami (>2300 mm/rok), posiada gleby o mniejszej porowatości, co wskazuje na wysoki poziom gliny i OM. Wynikiem tego jest przewaga ruchu radialnego, który powoduje ciągły i regularny cykl składników pokarmowych.

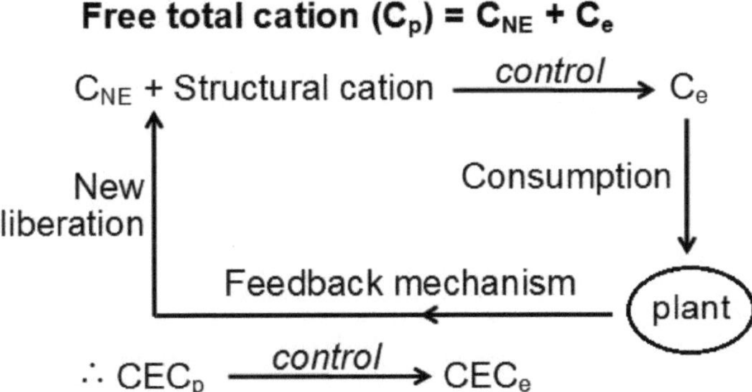

Rysunek 6.23. Równowaga chemiczna pomiędzy formami kationowymi niewymiennymi (C_{NE}) i wymiennymi (C_E) oraz jej wpływ na potencjał (CECp) i efektywną (CECe) zdolność wymiany kationów.

6.10 Mapy tematyczne izoweli

Badania glebowe różnią się przede wszystkim celami i zakresem obszarów objętych badaniem. Każdy rodzaj badania odpowiada rodzajowi wykresu gleb, który jest oznaczony tą samą nazwą odpowiedniego badania. Rozpoznano pięć głównych typów badań: rozpoznawcze, rozpoznawcze, półdokładne, szczegółowe i ultra-dokładne. Innym sposobem prezentacji wyników jest opracowanie schematycznych map gleb, których celem jest dostarczenie uogólnionej informacji o rozmieszczeniu geograficznym i charakterze gleb. Technikę tę stosuje się na ogół do dużych rozszerzeń terytorialnych i opracowuje się ją na podstawie istniejących wcześniej informacji pedologicznych w połączeniu z interpretacjami i korelacjami geologii, geomorfologii, klimatu i roślinności, w celu przewidzenia sposobu występowania i charakteru gleb. Obrazy radarowe i satelitarne, wskaźniki fotoelektryczne i mapy są wykorzystywane jako podstawa do wykonania map tematycznych, poza pomocą map geologicznych, klimatycznych, geomorfologicznych, hipsometrycznych, fitogeograficznych i innych. Zidentyfikowane na tych mapach jednostki kartograficzne składają się z rozległych związków glebowo-krajobrazowych. Mapy izowalentne utworzone dla CECe i CECp w Lasach Atlantyckich i Amazońskich przedstawiono odpowiednio na rysunkach 6.24 i 6.25. Do opracowania krzywych zastosowano technikę krigingu. Dla gleb Lasu Atlantyckiego obserwuje się znacznie bardziej wyraźną mozaikę, co sugeruje większą różnorodność tonów związanych z większą oscylacją wartości CECe. Jednak w rejonie Amazonii, niezależnie od rodzaju gleby, średnie poziomy CEC utrzymywały się w większości między 3,0 a 4,5 cmolc/kg. Wyjątek stanowiły Latosole, o niższych wartościach, oraz Plintole, o wartościach do trzech razy wyższych.

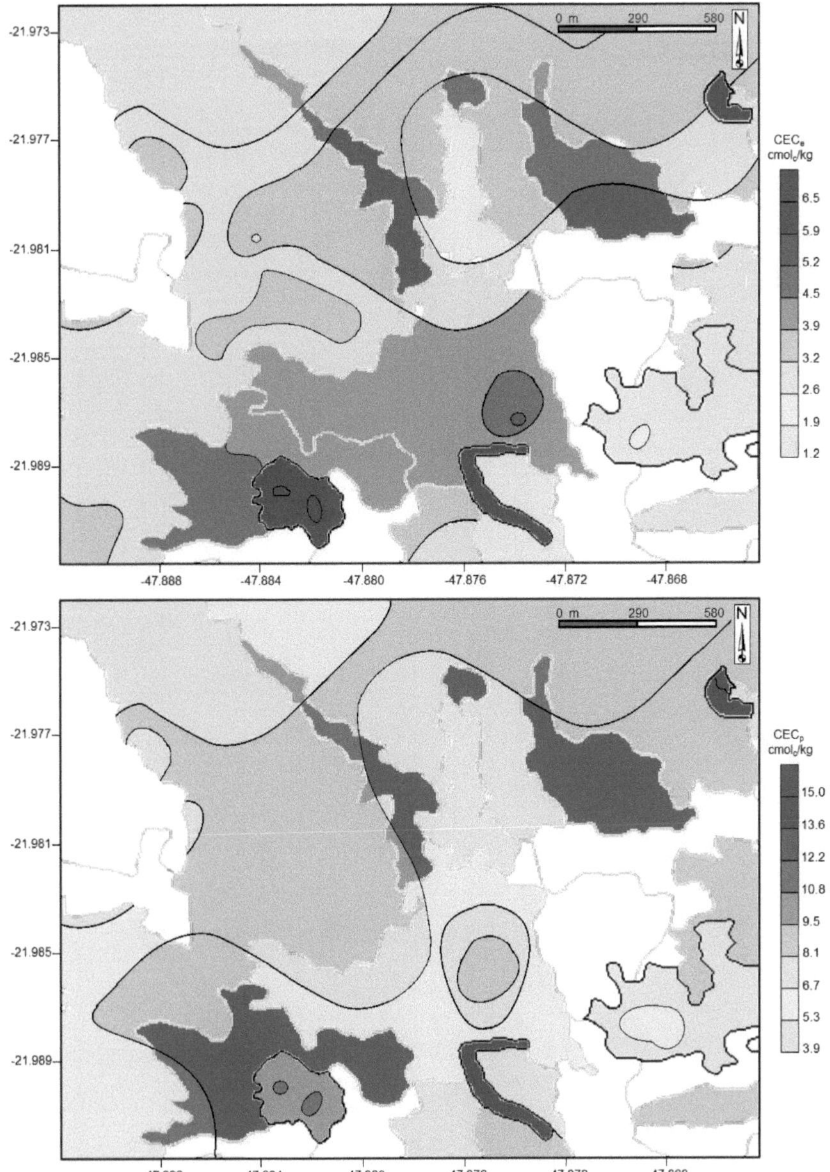

Rysunek 6.24: Mapy izovalues dla CECe i CECp w lesie atlantyckim.

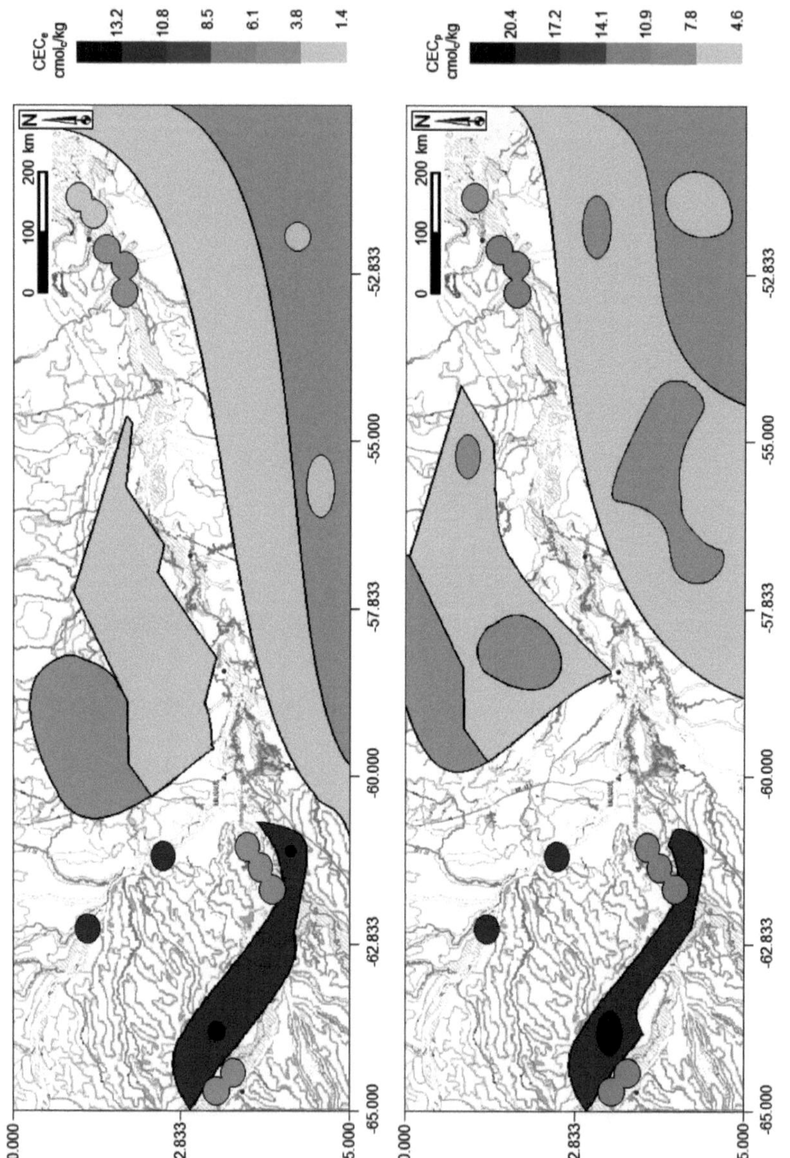

Rysunek 6.25: Mapy izovalues dla CECe i CECp w Puszczy Amazońskiej.

6.11 Zastosowane metody analityczne

Określenie zdolności wymiany kationowej (CEC) jest ważnym narzędziem w badaniach erozji, retencji zanieczyszczeń i odpadów, a także ma duże zastosowanie w mechanice gleby i badaniach wydajności rolnictwa, które obejmują określenie stopnia nawożenia i korekty gleby, niezbędnych praktyk przed zbiorem. Analiza zdolności wymiany kationowej (CEC) jest obecnie dość rozpowszechniona i wykorzystywana w charakterystyce i badaniach żyzności gleby. Po przeanalizowaniu CEC w glebie, koszt eksploatacji z zastosowaniem nawozów (N-P-K) i wapienia może być znacznie obniżony.

Istnieje kilka metod oznaczania pojemności kationowymiennej w glebach i osadach, w tym klasyczne metody miareczkowania z lub bez kontroli pH roztworu (JACKSON, 1960; BASCOMB, 1964, EMBRAPA, 1987, PEJON, 1992); metodą nefelometryczną (ADAMS i EVANS, 1979); przy użyciu izotopów promieniotwórczych (FRANCIS & GRIGAL, 1971); przez kompleksowanie i wymianę kationów przez sole Ba, Cu lub Mg (TUCKER, 1954, BERGAYA & VAYER, 1997, MÉIER & KAHR, 1999), lub przez spektrofotometryczne oznaczanie metodą absorpcji atomowej (AAS) Na+, K+ i Mg2+ w glebach glin wapiennych (DOHRMANN, 2006a,b). Najczęściej stosowaną metodą jest metoda octanu amonu (LEWIS, 1949), która okazała się bardzo skuteczna nie tylko w przypadku gleb gliniastych, ale również piaszczystych zawierających pierwiastki nierozpuszczalne, takie jak kwarc, mika i skaleń. Wielką różnicą jest jednak zastosowanie metody szybkiej, niezawodnej i taniej, pozwalającej na analizę dużej liczby próbek w jednej sekwencji analiz.

Metody oznaczania CEC mogą być klasyfikowane w analizie bezpośredniej i pośredniej. Metoda oznaczania bezpośredniego opiera się na nasyceniu kompleksu wymiennego kationem referencyjnym, a następnie jego ekstrakcji i analizie, natomiast metoda oznaczania pośredniego opiera się na analizie i późniejszej sumie zasad wymiennych ekstrahowanych przy pomocy kontroli pH. System bezpośredniej ekstrakcji kationów wymiennych za pomocą dwóch roztworów ekstrahujących (KCl 1 mol/L dla Ca, Mg i Al oraz roztwór Mehlicha-1 dla K i Na) może stwarzać np. niedogodności związane z powielaniem zadań związanych z ekstrakcją. Ponadto, przy oznaczaniu Ca i Mg za pomocą atomowej spektrometrii absorpcyjnej pojawiają się trudności operacyjne wynikające z tworzenia się złogów KCl w szczelinie palnika spektrometru (STUANES *i in.*, 1984; CANTARELLA *i in.*, 2001). Problem ten sprawia, że analiza jest czasochłonna ze względu na konieczność częstego demontażu układu do czyszczenia. Takie trudności sprawiają, że proces ten jest pracochłonny i kosztowny.

Zastosowanie roztworów ekstrakcyjnych zawierających sole amonowe stanowi obiecującą alternatywę, głównie dlatego, że pozwala na oznaczanie K w tym samym ekstrakcie, w którym oznaczane są pozostałe kationy. STUANES *et al.* (1984), badając użycie NH4NO3 i 1 mol/L NH4Cl, doszli do wniosku, że wyniki uzyskane przy użyciu tych roztworów są porównywalne ze sobą, jak również z tymi uzyskanymi przy użyciu 1 mol/L KCl. Wyniki uzyskane przez SHUMAN & DUNCAN (1990) wykazały również wygodę stosowania 1 mol/L NH4Cl jako ekstraktora. Autorzy podkreślają jednak, że w próbkach gleb, które niedawno zostały poddane wapnowaniu, zawartość Ca może być zaniżona w stosunku do zawartości oznaczonej w ekstrakcie 1 mol/L NH4OAc przy pH 7,0. Zaletą metod 1 mol/L NH4Cl jest zmniejszenie problemów operacyjnych związanych z oznaczaniem Ca i Mg przez AAS, w stosunku do metod 1 mol/L KCl (COSCIONE *i in.*, 2000).

W odniesieniu do oznaczania wymiennego Al, metoda kolorymetryczna pomarańczy ksylenolowej (OTOMO, 1963) została powszechnie przyjęta przez laboratoria analizy gleby. Metoda ta opiera się na kompleksowaniu jonów Al3+ w roztworze przez ksylenol, przy czym odczyt koloru (żółtawy) wykonuje się w spektrofotometrze przy długości fali 555 nm. DURIEZ & JOHAS (1982), pracując z próbkami gleb brazylijskich, potwierdziła prostotę wykonania i precyzję metody kolorymetrycznej. W oznaczaniu Al wymiennego poprzez miareczkowanie ekstraktu glebowego w 1 mol/L KCl z 0,025 mol/L NaOH (EMBRAPA, 1997), rzeczywiste poziomy Al są osłabione, ponieważ inne formy kwasowości są również oznaczane w glebach bogatych w związki organiczne (COSCIONE *i in.*, 1998). W związku z tym, w przypadkach, w których konieczne jest szczególne oznaczenie tego kationu, miareczkowanie może być niewystarczające. Należy wybrać inną technikę, np. metodę kolorymetryczną pomarańcz ksylenolową zaproponowaną przez PRITCHARD (1967).

Tabela 6.14 podsumowuje wyniki wartości CECe i ich związki z pH wody dla sześciu badanych metod w glebach analizowanych w Lasach Atlantyckich i Amazońskich. Wartości CECe wynosiły od 1,18 do 13,22 cmolc/kg, w zależności od właściwości każdej z analizowanych gleb. Najniższe wartości CECe obserwowano na glebach piaszczystych (RQo) Lasu Atlantyckiego, a najwyższe CECe na glebach Plinthsols (FX) Lasu Amazońskiego. W odniesieniu do porównywanych metod najniższe średnie poziomy oznaczono metodą 3 (kwas octowy; Jackson) i metodą 4 (octan amonu). Gleby typu Latosol charakteryzowały się najwyższymi średnimi wartościami CECe i może istnieć silna korelacja CECe z wysokimi stężeniami iłów obecnych w tych glebach, gdyż iły mają na swojej powierzchni silny ujemny ładunek elektryczny, zdolny do przyciągania cząstek dodatnich jako pierwiastków kationowych. W regionie Amazonii, a zwłaszcza na obszarze zalewowym, którego osady pochodzą z regionu andyjskiego i przedalpejskiego, gleby wykazują wysokie stężenie żelaza (Fe^{2+}/Fe^{3+}), między innymi pierwiastków metalicznych, wszystkie silnie związane z minerałami ilastymi.

Gleby z piaszczystych sznurów na skraju rzeki Negro w Puszczy Amazońskiej miały najniższą wartość CECe, co oznacza, że gleby te mają niską zdolność wymiany jonowej z korzeniami roślin, co narzuca presję ekologiczną, która pozwala tylko na wzrost, jak niektóre trawy. Latosole (LAd, LVd i LVA) gwarantują większy przepływ składników odżywczych (jonów) z gleby do korzeni roślin, stwarzając korzystne warunki dla pojawienia się bardzo zróżnicowanej kompozycji florystycznej, co z kolei przyczynia się do tego, że wraz z resztkami roślinnymi (liśćmi, gałęziami, owocami itp.) tworzy się na glebie warstwa ściółki bogata w związki organiczne, co dodatkowo zwiększa zdolność wymiany kationowej.

Wartości wyznaczone w tych badaniach były bliskie granicom obserwowanym przez autorów klasycznych, którzy początkowo badali związek zawartości gliny i OM z CEC gleb tropikalnych. W tym zakresie można wymienić wyniki badań MITCHELL (1932), w których wartości CEC mieściły się w przedziale od 0,70 do 2,0 cmolc/kg; OLSON & BRAY (1938), w których zawartości wahały się od 0,34 do 2.83 cmolc/kg; BARSHAD & ROJAS-CRUZ (1950), o zawartości fauny od 2,40 do 3,90 cmolc/kg; oraz ENDREDY & QUAGRAINE (1960), o zawartości od 1,29 do 2,40 cmolc/kg.

Głównymi czynnikami determinującymi CEC są zawartość gliny i OM w glebie, ponieważ obie mają wystarczająco silny ujemny ładunek elektryczny, aby przyciągnąć dodatni ładunek elementów kationowych. Gleby o różnej zawartości minerałów ilastych i OM mają różne wartości CEC. Na rysunkach od 6.26 do 6.29 przedstawiono wyniki analizy korelacji pomiędzy różnymi badanymi metodami. Analizę korelacji przeprowadzono dla 95% ufności. Należy zauważyć, że wszystkie korelacje były pozytywne, chociaż wielkość wyników nie zawsze była taka sama w poszczególnych metodach. Wynika to z pewnością z możliwych strat lub przeszacowania wyników, w zależności od właściwości każdej gleby, oraz w funkcji ekstraktorów i inhibitorów stosowanych w każdej z metod.

Tabela 6.14: Minimalne, maksymalne i średnie wartości CEC (cmolc/kg) dla sześciu analizowanych metod.

Obszar	Gleba	Meth. 1	Meth. 2	Meth. 3	Meth. 4	Meth. 5	Meth. 6	pH wody
Las Atlantycki	LVA	2.96	3.17	2.36	3.32	3.21	2.25	4.52
		5.22	5.77	4.51	5.89	5.77	5.71	5.32
		4.03	4.41	3.45	4.54	4.44	3.70	4.97
	LVd	3.07	3.29	2.62	3.46	3.37	2.70	5.16
		4.96	5.40	4.39	5.55	5.45	5.73	5.47
		3.87	4.14	3.25	4.35	4.21	3.94	5.33
	OXy	5.95	5.41	4.74	5.99	5.26	5.78	3.69
		6.94	6.36	5.66	7.26	6.16	7.62	3.86
		6.49	6.01	5.26	6.66	5.78	6.76	3.82
	GXb	5.88	5.34	4.01	5.34	5.26	6.02	3.71
		6.62	5.93	4.36	5.95	5.63	6.82	4.12
		6.32	5.70	4.22	5.66	5.50	6.51	3.99
	RQo	1.41	1.67	1.18	1.73	1.72	1.19	5.21
		2.24	2.32	1.69	2.36	2.35	1.92	5.42
		1.92	1.97	1.42	2.05	2.03	1.54	5.28
Las Amazoński	LAd	1.75	1.99	1.56	2.05	2.01	1.30	4.20
		2.48	2.74	2.18	2.77	2.75	1.81	4.48
		2.13	2.36	1.87	2.41	2.38	1.54	4.31
	FX	8.05	6.67	7.06	5.37	5.06	11.21	5.30
		9.44	8.71	7.85	6.12	5.60	13.22	5.50
		8.64	7.95	7.59	5.76	5.45	12.47	5.43
	PVA	3.34	3.63	2.85	3.77	3.68	3.05	4.91
		4.25	4.48	3.51	4.82	4.60	4.49	5.34
		3.76	4.03	3.14	4.26	4.10	3.70	5.21
	GXv	3.81	3.62	2.86	3.82	3.72	3.49	3.51
		4.36	4.16	3.21	4.38	4.18	4.29	3.84
		4.04	3.91	3.05	4.05	3.96	3.90	3.65
	RYve	4.13	3.29	2.71	3.09	3.19	2.86	5.11
		4.78	4.43	4.05	3.67	3.58	4.27	5.44
		4.35	3.94	3.52	3.29	3.40	3.55	5.27

Większość korelacji prezentowała współczynnik Pearsona >0,9000, co sugeruje dobrą efektywność ekstrakcji składników jonowych w każdej z metod analitycznych. Należy jednak zauważyć, że wyższe korelacje wystąpiły między metodami 4 i 5 (r= 0,9935; rysunek 6.29); metodami 1 i 2 (r= 0,9750, rysunek 6.26) oraz metodami 2 i 3 (r= 0,9744, rysunek 6.27). Straty były bardziej znaczące dla gleb typu Neosole kwarcowe (RQ), gdzie zawartość CEC była naturalnie niższa dla wszystkich badanych metod. Gleby typu RQ charakteryzują się niską zawartością minerałów organicznych i ilastych w warunkach naturalnych, z przewagą kwarcytów i mułu oraz argilitów, dlatego też przyjęta metoda musi charakteryzować się dobrą wrażliwością na określenie niskich stężeń CEC. Innym ważnym aspektem jest fakt, że niektóre metody charakteryzują się dużą zmiennością stężenia CEC w stosunku do wyników uzyskanych za pomocą badanych metod, w szczególności metod 3 i 4 (rysunek 6.30). Biorąc pod uwagę, że zmienność wyników nie była stała dla wszystkich próbek, ani dla zastosowanych metod, przyjmuje się, że utrata czułości przy wykrywaniu metod 3 i 4 jest najbardziej spójnym wyjaśnieniem. Zróżnicowanie wyników może być związane z faktem, że metody 3 i 4 wymagają kontroli pH mieszaniny [roztwór + próbka gleby], tak więc błąd operatora lub trudność w ustabilizowaniu pH mieszaniny może prowadzić do wspomnianych różnic.

CEC wykazuje równowagę chemiczną pomiędzy sorbentem i solutem w danym stanie chemicznym gleby (ANDERSON & SPOSITO, 1992). Autorzy sugerują, że kationy wymienne są w stechiometrycznej równowadze z trwałymi i zmiennymi ładunkami elektrycznymi składników organicznych i mineralnych gleby, podlegającymi zjawisku adsorpcji. W związku z tym, gdy wartości CEC są związane z wartościami pH i OM, oczekuje się wysokiego stopnia asocjacji, co odzwierciedla wyższy współczynnik *r*. Często jednak nie ma to miejsca, co zostało potwierdzone przez SOUZA *i in.* (2007). Wynika to z różnic w mineralogii oraz rodzaju i zawartości materii organicznej pomiędzy poziomami glebowymi (KLAMT & VAN REEUWIJK, 2000). Jednym ze sposobów na wyeliminowanie tego problemu jest odjęcie interferencji pH zgodnie z propozycją KATOU (2002), lub powiązanie wspólnego wkładu do CEC dwóch składników (gliny i POC), bez uwzględnienia zmierzonych wartości pH. Należy to zrobić, ponieważ zarówno glina, jak i POC są integralnymi składnikami wartości CTCe i wpływają na buforowanie za pomocą H+ + Al3+.

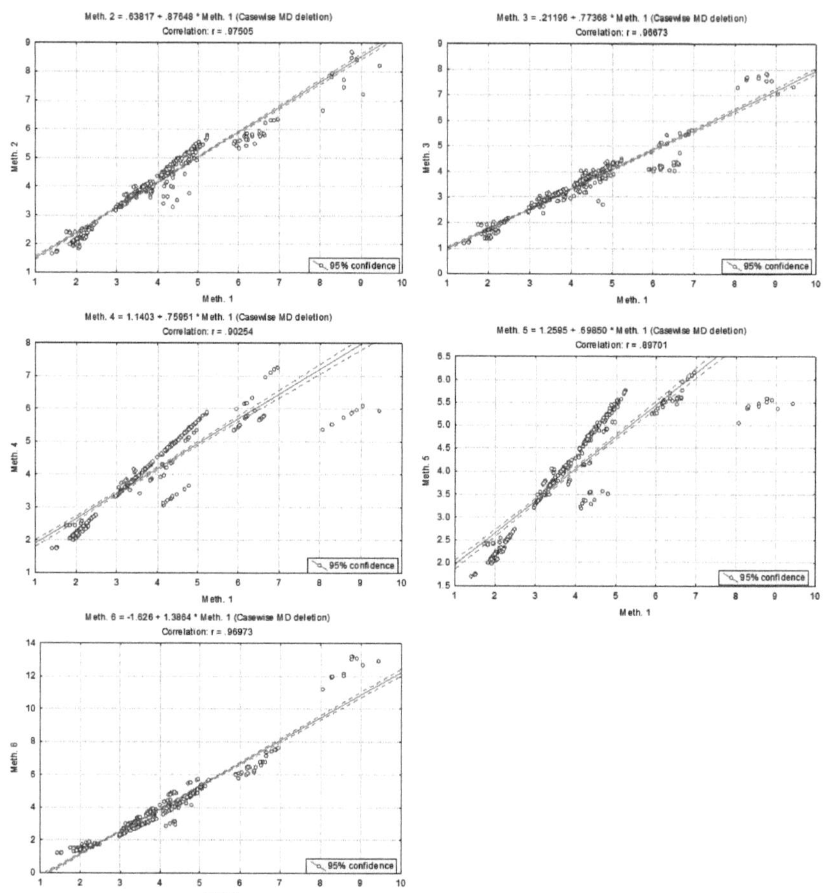

Rysunek 6.26. Analiza korelacji wartości CECe uzyskanych metodą 1 i innymi metodami (*n*= 444).

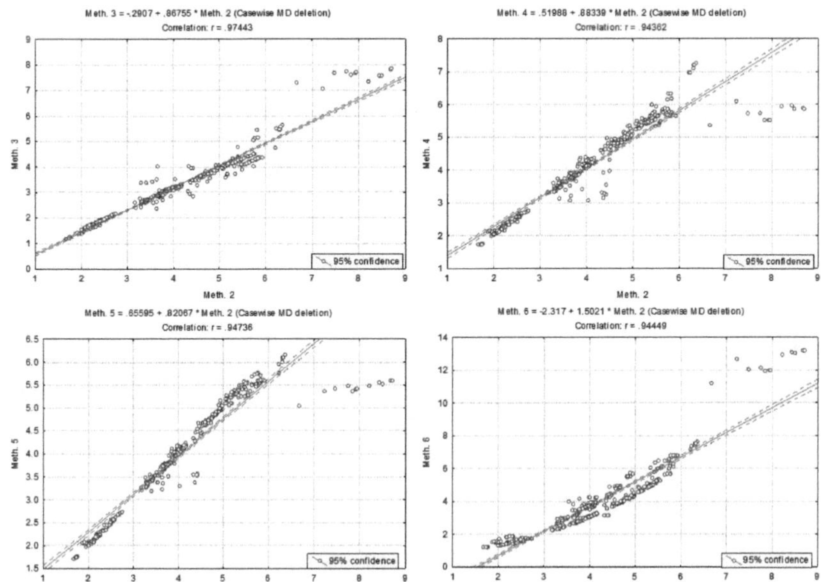

Rysunek 6.27. Analiza korelacji wartości CECe uzyskanych metodą 2 i innymi metodami (*n*= 444).

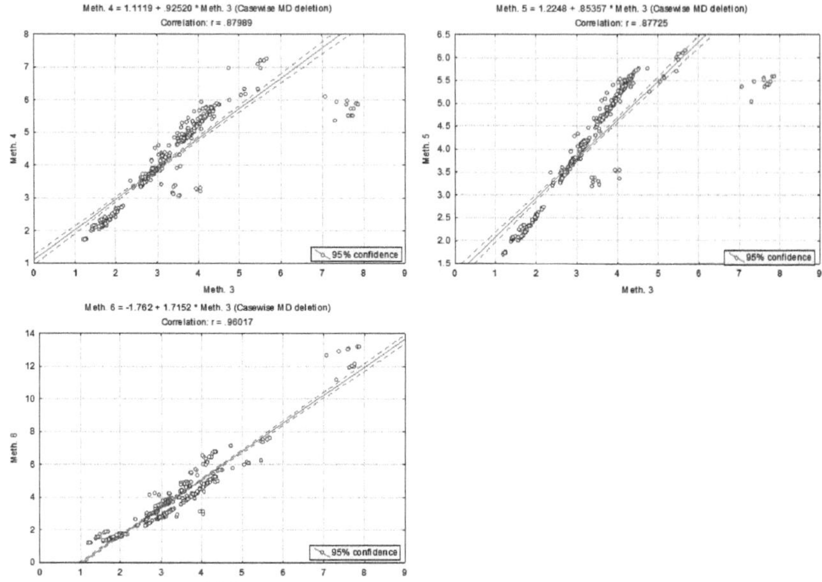

Rysunek 6.28: Analiza korelacji wartości CECe uzyskanych metodą 3 i innymi metodami (*n*= 444).

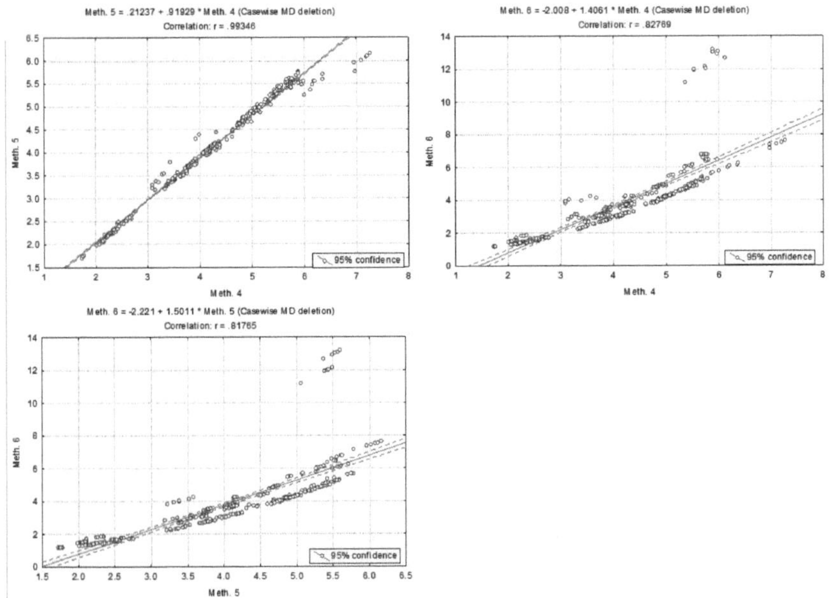

Rysunek 6.29. Analiza korelacji wartości CECe uzyskanych metodami 4 i 5 oraz innymi metodami (*n*= 444).

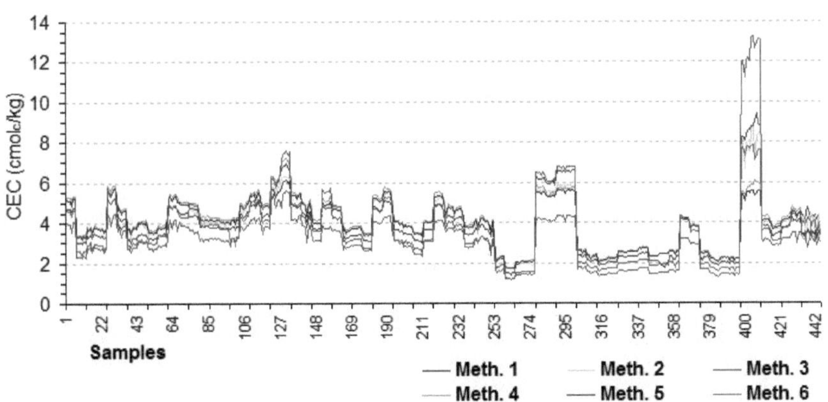

Rysunek 6.30: Wrażliwość na wykrycie stężenia CEC (cmolc/kg) dla sześciu badanych metod w glebach Puszczy Atlantyckiej i Puszczy Amazońskiej.

Tabela 6.15 przedstawia odpowiednie współczynniki korelacji i obliczone zmienne dla badanych metod. Wszystkie metody same lub w parach wykazywały wysoki stopień istotności. Testy istotności różnicy między dwoma środkami (t) sugerują, że:

a) Pary M1xM2; M1xM5; M1xM6; M2xM4; M2xM5 i M4xM5 stanowią podobne środki, lub w tym przypadku metody są równoważne.

b) Pary M1xM3; M1xM4; M2xM3; M2xM6; M3xM4; M3xM5; M3xM6; M4xM6 i M5xM6 nie prezentowały podobnych środków, lub w tym przypadku jedna z metod w porównaniu z drugą była bardziej efektywna przy wyznaczaniu CECe.

Tabela 6.15: Współczynniki korelacji i obliczone zmienne dla sześciu badanych metod (n= 888; df= n-2).

Metody	r	r2	$\|t\|$*	p	a*	b*
M1xM2	0.9751	0.9508	1.75	0.081	0.876	0.638
M1xM3	0.9667	0.9345	7.34	<0.001	0.774	0.212
M1xM4	0.9025	0.8145	2.38	0.017	0.760	1.140
M1xM5	0.8970	0.8046	1.16	0.247	0.699	1.260
M1xM6	0.9697	0.9403	1.18	0.239	1.386	-1.626
M2xM3	0.9744	0.9494	9.77	<0.001	0.868	-0.291
M2xM4	0.9436	0.8903	0.62	0.536	0.883	0.519
M2xM5	0.9474	0.8975	0.74	0.458	0.821	0.656
M2xM6	0.9445	0.8921	2.61	0.009	1.502	-2.317
M3xM4	0.8799	0.7742	10.78	<0.001	0.925	1.112
M3xM5	0.8773	0.7697	9.74	<0.001	0.854	1.225
M3xM6	0.9602	0.9219	4.48	<0.001	1.715	-1.762
M4xM5	0.9935	0.9870	1.44	0.152	0.919	0.212
M4xM6	0.8277	0.6851	3.12	0.002	1.406	-2.008
M5xM6	0.8177	0.6686	2.17	0.031	1.501	-2.221

*T-test dla niezależnych próbek; współczynnik równania liniowego; zaznaczone korelacje są istotne przy $p \leq 0{,}05$.

Ogólnie rzecz biorąc, za pomocą sześciu zbadanych metod można było oszacować wahania CEC adsorbowanych kationów w miejscach wymiany próbek gleby i w związku z tym w zadowalający sposób oszacować wartości CECe. Jednak w przypadku zastosowania tych metod obserwuje się szczególne cechy w zakresie wielkości szacowanego CECe, co może mieć wpływ na interpretację właściwości gleby jako udziału frakcji organicznych i mineralnych w CEC.

Biorąc pod uwagę analizę czasową, wiarygodność i koszt działania zaproponowane w celach określenia najlepszej metody analizy CEC, wyniki wskazują, że jest to najprostsza i najbardziej praktyczna, tania metoda 1 (Adsorpcja błękitu metylenowego) i szybsza w obróbce, niewymagająca kontroli pH roztworu wskaźnika, a nawet mieszaniny (roztwór + gleba). Wyniki wskazują, że metoda 1 wykazała najmniejsze zróżnicowanie stężeń CEC w tej samej grupie gleb i/lub grupie próbek, co wskazuje na dobrą czułość do analizy. Istnieje kilka metod oznaczania CEC, jak wspomniano wcześniej, a niektóre z tych metod są dość dokładne i czułe, takie jak metoda kolorymetryczna i spektrofotometria absorpcji atomowej. Proponowano jednak znalezienie prostej i taniej metody działania, która pozwoliłaby na uzyskanie istotnych wyników z dopuszczalnym marginesem błędu. W tym stanie metoda 1 okazała się być wszechstronna i wrażliwa na zmiany stężenia CEC w glebach tropikalnych.

7. WNIOSKI

- Gleby próbkowane zarówno w Puszczy Atlantyckiej jak i w Puszczy Amazońskiej są w większości lekko kwaśne do kwasów, mają charakter gliniasty i charakteryzują się niską dostępnością składników odżywczych, co wskazuje na dużą aktywność wietrzeniową.

- Tendencję kationową roztworu wody śródmiąższowej - gleby scharakteryzowano jako wapniowo-magnezową, ze wskazaniem dużego wpływu czynników atmosferycznych na wkład jonów do układu.

- Tendencję anionową roztworu scharakteryzowano jako biowęglaną, zwłaszcza na obszarach pokrytych roślinnością, co wskazuje na znaczenie ściółki jako źródła aktywności biologicznej. Na terenach otwartych oraz w regionie w pobliżu wybrzeża lub pod wpływem pływów przedstawiły one miejsca poboru próbek z niewielką ingerencją chlorków.

- Konsystencja gleby i wielkość ziaren była zróżnicowana, co miało bezpośredni wpływ na dynamikę składników pokarmowych i zawartość OM. Analizowane gleby ilaste charakteryzowały się mniejszą dostępnością wszystkich elementów ocenianych dla roztworu glebowego w porównaniu z glebami piaszczystymi.

- Dynamika i równowaga jonowa w obu biomach jest związana z sezonowością, zwłaszcza z opadami.

- CEC wyznaczone metodami opartymi na ekstrakcji roztworem Mehlicha-1, chlorem heksaminy kobaltowej, octanem amonu i/lub

OMP były w większości przypadków powiązane ze sobą z wysokim stopniem korelacji (r >0,9), pomimo różnych wielkości ekstrakcji.

- Udział gliny i OM z gleby w CEC przedstawiał większą lub mniejszą reprezentację w wynikach, w zależności od metody zastosowanej do jej oszacowania.

- Udział składników gleby w CEC jest niedoceniany w przypadku większości metod, zwłaszcza w przypadku metody wykorzystującej octan amonu.

- Metoda 1 (adsorpcja błękitu metylenowego) była najprostsza i najbardziej praktyczna, o niskich kosztach eksploatacji i szybsza w przetwarzaniu, dlatego też była najbardziej zalecaną spośród metod porównywanych przy pracy z dużą ilością próbek.

8. REFERENCJE

Abreu Jr., C.H., Muraoka, T., Lavorante, A. Związek pomiędzy kwasowością a właściwościami chemicznymi gleb brazylijskich. Scientia Agricola, 6:337-343, 2003.

Adams, J.M., Evans, S. Określanie pojemności kationowymiennej (ładunku warstwowego) małych ilości minerałów ilastych za pomocą nefelometrii. Clays and Clay Minerals 27:137-139, 1979.

Alcarde, J.C. Correctives for soil acidity: Technical characteristics and interpreations. Boletim Técnico, Nº 6, 2nd ed. São Paulo: ANDA, 1992. 26p.

Amrhein, C., Suarez, D.L. Procedura oznaczania selektywności sód-wapń w glebach wapiennych i gipsowych. Soil Science Society of America Journal, 54:999-1007, 1990.

Anadon, J.D., Sala, O.E., Maestre, F.T. Zmiany klimatyczne zwiększą sawanny kosztem lasów i roślinności bezdrzewnej w obu Amerykach tropikalnych i subtropikalnych. Journal of Ecology, 102:1363-1373, 2014.

Anderson, D.L., Jones, D.B., Snyder, G.H. Reakcja rotacji ryżowo-surgarcanów na żużel krzemianu wapnia na histozolach evergladesa. Agronomy Journal, Madson, 79:531-535, 1987.

Anderson, S., Sposito, G. Gęstość ładunku powierzchniowego protonu w glebach o ładunku strukturalnym i zależnym od pH. Gleba Sci. Soc. Am. J., 56:1437-1443, 1992.

Andriesse, J. Wykorzystanie gleb organicznych w warunkach tropikalnych i subtropikalnych w połączeniu z możliwościami Brazylii. W: Andriesse, J. (Ed.). Narodowe Sympozjum na temat Gleb Organicznych, 1984. Anais, Kurytyba: MA/ Provárzea Nacional, Embrater, SEAG - Paraná i Acarpa / Emater - Paraná, v.1, s.11-34, 1984.

APHA/AWWA/WEF (Eds.). Standardowe metody badania wody i ścieków. Wydanie 21. Washington, USA: American Public Health Association, American Water Works Association and Water Environment Federation, 2005.

Aprile, F., Lorandi, R. Evaluation of Cation Exchange Capacity (CEC) in Tropical Soils Using Four Different Analytical Methods. Journal of Agricultural Science. 4:278-289, 2012. DOI:10.5539/jas.v4n6p278

Aprile, F.M. Estudo da dinâmica i do modelu balansu massa do carbono no Sistema Estuarino de Santos, São Paulo - Brasil. Post-PhD Report in Physical Oceanography, IO, USP, São Paulo, SP. 2001. 129p.

Aprile, F.M. Study of dynamics and mass balance model of carbon in estuarine system. Saarbrücken, Deutschland: LAP LAMBERT Academic Publishing GmbH & Co. KG, 2012, v.1. 193p.

Aprile, F.M., Bianchini Jr, I., Lorandi, R. Bilans masowy N i P w systemie wodno-osadowym laguny przybrzeżnej dolnej Rio Doce, ES, Brazylia. Bioikos, 21:21-32, 2007.

Aprile, F.M., Lorandi, R., Bianchini Jr, I., Shimizu, G.Y. Typologia ekosystemów jezior przybrzeżnych w stanie Espírito Santo w Brazylii. Bioikos, 15:17-21, 2001.

Aprile, F.M., Parente, A.H., Valle, F.A.S. do Qualidade das Águas dos Rivers Capibaribe i Ipojuca, Pernambuco - Brazylia. Chemical & Technology Magazine ½:40-47, 2004.

Aprile, F.M., Siqueira, G.W. Uprawa roślin etnograficznych i leczniczych. Kurytyba, Parana: Editora CRV, 2012, v.1. 476p.

Araújo, C.A.S., Ruiz, H.A., Ferreira, P.A., Silva, D.J., Carvalho, M.A. Transport fosforu i potasu w kolumnach z agregatami dystroficznego Czerwonego Latosolu. Revista Brasileira de Ciência do Solo, 24(2):259-268, 2000.

Barshad, I., Rojas-Cruz, L.A. Studium pedologiczne profilu gleby bielicowej z równikowego regionu Kolumbii w Ameryce Południowej. Soil Sci., 70:221-236, 1950.

Bascomb, C.L. 1964. Szybka metoda oznaczania zdolności kationowymiennej gleb wapiennych i niewapiennych. Journal of the Science of Food and Agriculture 15: 821-823.

Beaulieu, J. Geotechniczna identyfikacja naturalnych materiałów gliniastych poprzez pomiar powierzchni przy użyciu błękitu metylenowego. *Ten trzeci cykl Univ. Orsay, Francja. 1979.*

Benity, V. de M., Carvalho, M. da C.S., Resende, A.V., Polidoro, J.C., Bernardi, A.C.C., Oliveira, F.A. de O. Potasu, wapnia i magnezu w brazylijskim rolnictwie. W: Embrapa Solos, Dobre praktyki efektywnego wykorzystania nawozów. Rozdział 16, s. 1-71, 2010.

Bergaya, F., Lagaly, G., Vayer, M. Cation and anion exchange. s. 979-1001. W: Bergaya, F., Lagaly, G., Theng, B.K.G. (Eds.). Handbook of clay science, developments in clay science. Amsterdam: Elsevier, 2006.

Bergaya, F., Vayer, M. CEC gliny; pomiar metodą adsorpcji kompleksu miedzi etylenodiaminy. Applied Clay Science 12: 275-280, 1997.

Berry, M., Wilding, L.P. Zależność między pH gleby a procentem nasycenia zasadowego dla poziomów powierzchniowych i podziemnych wybranych molizoli, lucerny i ultizoli w Ohio. The Ohio Journal of Science, 71(1):43-55, 1971.

Bertol, I., Guadagnin, J.C., Cassol, P.C., Amaral, A.J., Barbosa, F.T. Phosphorus and potassium losses from water erosion in an inceptisol under natural rain. Revista Brasileira de Ciência do Solo, 28:485-494, 2004.

Bishop, T.F.A., McBratney, A.B., Laslett, G.M. Modelowanie funkcji głębokościowych atrybutów gruntu z równymi, kwadratowymi, wygładzającymi wielowypustami. Geoderma, 91:27-45, 1999.

Black, C.A. (Ed.). Metody analizy gleby. Madison: American Society of Agronomy, 2 v., Agronomy, N° 9. 1965.

Brady, N.C. Natura i właściwości gleb. 7 ed. Rio de Janeiro: Freitas Bastos, 1989.

Brinkmann, W.L.F. Wody gruntowe w planowaniu zasobów wodnych. W: Międzynarodowe Sympozjum na temat Międzynarodowego Programu Hydrologicznego. Republika Federalna Niemiec: Koblenz, s. 67-83, 1983.

Brinkmann, W.L.F., Nascimento, J.C. de. The effect of slash and burn agriculture on plant nutrients in the tertiary region of Central Amazônia. Turrialba, 21(4):459-465, 1973.

Broadbent, E., Asner, G.P., Keller, M., Knapp, D., Oliveira, P., Silva, J. Fragmentacja lasów i efekty brzegowe wylesiania i wyrębu selektywnego w brazylijskiej Amazonii. Biological Conservation, 140:142-155, 2008.

Camargo, O.A., Moniz A.C., Jorge, J.A., Valadares, J.M.A.S. Metody analizy chemicznej, mineralogicznej i fizycznej Instytutu Agronomicznego Campinas. Instituto Agronômico de Campinas, Boletim Técnico, 106, 1986, 94p.

Canellas, L.P., Velloso, A.C.X., Santos, G.A., Ramalho, J.F., Braz Filho, R., Rumjanek, V.M., Rezende, C. Chemical property of a cambisolo cultivated with sugar cane, with preservation of the clown and addition of vinasse for long time. Revista Brasileira de Ciência do Solo, 27:935-944, 2003.

Cantarella, A.H., Dechen, A.R; Raij, B.V. Wpływ pochodzenia chlorku potasu stosowanego w ekstrakcji próbek gleby na wyniki aluminium wymiennego. Bragantia, 10:189-192, 1981.

Cantarella, H., Raij, B.V., Coscione, A.R., Andrade, J.C. Oznaczanie zamienności aluminium, wapnia i magnezu w ekstrakcie chlorku potasu. W: Raij, B.V., Andrade, J.C., Cantarella, H., Quaggio, J.A., eds. Analiza chemiczna do oceny płodności w glebach tropikalnych. Campinas, Instituto Agronômico, 2001. 285p.

Cassol, P.C., Gianello, C., Costa, V.U. Frakcje fosforu w oborniku i ich skuteczność jako nawozu fosforowego. Brazilian Journal of Soil Science, 25:635-644, 2001.

Castilhos, R.M., Meurer, E.J., Kämpf, N., Pinto, L.F.S. Mineralogy i źródła potasu w glebach w Rio Grande do Sul uprawianych z nawadnianym ryżem. Revista Brasileira de Ciência do Solo, 26(3):579-587, 2002.

Catani, R.A., Gallo, J.R. Evaluation of the wapestone requirement of soils in the State of São Paulo by correlation between pH and the percentage of base saturation. Revista de Agricultura, 30:49-60, 1955.

Catani, R.A., Jacinto, A.O. Analiza chemiczna w celu oceny żyzności gleby. Boletim Técnico, nr 37. Piracicaba: Escola Superior de Agricultura "Luiz de Queiroz", USP, 1974.

Cavalcante, L.F., Lamb, J.C., Nascimento, J.A.M., Cavalcante, I.H.L., Dias, T.J. Źródła i poziomy zasolenia wody w tworzeniu sadzonek papai cv. Sunrise solo. Nauki rolnicze, 31:1281-1290, 2010.

Centurion, J.F., Cardoso, J.P., Natale, W. Wpływ form zarządzania na niektóre właściwości fizyczne i chemiczne Czerwonego Latosolu w różnych agroekosystemach. Revista Brasileira de Engenharia Agrícola e Ambiental, 5(2):254-258, 2001.

Ceretta, C.A., Durigon, R., Basso, C.J. Chemical characteristics of soil under application of liquid pig manure in natural pasture. Pesquisa Agropecuária Brasileira, 38(6):729-735, 2003.

Cerri, C.C., Feller, C., Chauvel, A. Ewolucja głównych właściwości Czerwono-Ciemnego Latosolu po wylesianiu i uprawie trzciny cukrowej przez dwanaście i pięćdziesiąt lat. Cahiers Orstom, Seria Pédologie, Bondy, 26:37-50, 1991.

Chauvel, A. Żółte, alkaliczne, gliniaste latosole w ekosystemach basenów doświadczalnych INPA i okolicy. Akt Amazoński: 12(3):47-60, 1982.

Chen, T.J., Souza Santos, P., Ferreira, H.C., Calil, S.F., Campos, L.M.V., Zandonaide, A.R., Campos, L.V. Oznaczanie CTC i specyficznej powierzchni niektórych brazylijskich glinek i kaolinów ceramicznych metodą błękitu metylenowego i jego korelacja z badaniami technologicznymi. ***Ceramika***, 20(79):305-311, 1974.

Królik, F.S., Verlengia, F. Płodność gleby. Campinas, Instituto Campineiro de Ensino Agrícola, 1973, 384p.

Coscione, A.R., Andrade, J.C., Raij, B.V. Powracając do procedur miareczkowania w celu określenia wymiennej kwasowości i wymiennego aluminium w glebie. Comm. Soil Sci. Plant Anal., 29:973-982, 1998.

Coscione, A.R., Andrade, J.C., Raij, B.V., Abreu, M.F. Ulepszony protokół analityczny do rutynowego spektrofotometrycznego oznaczania wymiennego glinu w ekstraktach z gleby. Comm. Soil Sci. Plant Anal., 31:2027-2037, 2000.

Costa, M.S.S.M., Pivetta, L.A., Steiner, F., Costa, L.A.M., Castoldi, G. Chemiczne właściwości gleby pod bezpośrednim nasadzeniem, na które wpływ mają systemy upraw i źródła nawożenia. Revista Brasileira de Ciências Agrárias, 6(4):579-587, 2011.

CUCE - Cornell University Cooperative Extension. Wydział Nauk o Uprawach i Gleboznawstwie. Lime Guidelines for Field Crops w Nowym Jorku. 2006. Disponível em: www. nmsp.css.cornell.edu/publications/articles/extension/Limedoc2006.pdf

Dantas, M.S. de. Oznaczanie kationów wymiennych w glebach zawierających sole rozpuszczalne. Recife: Instituto Agronômico do Nordeste, Boletim Técnico, Nº 15. 1961.

Davey, B.J., Conyers, M.K. Określanie pH kwaśnych gleb. Soil Science, Baltimore, 146(3):141-150, 1988.

Dawson, H.J., Hrutfiord, B.F., Zasoski, R.J., Ugolini, F.C. Masa cząsteczkowa i pochodzenie żółtych kwasów organicznych. Soil Scicence, 132(3):191-199, 1981.

Dias, A.C.C.P., Neves, A.D.S., Barbosa, R.C.M. Soil Survey of Rio Negro Experimental Station. Biuletyn Techniczny CEPLAC: 71:1-13, 1980.

Dierolf, T.S., Arya, L.M., Yost, R.S. Water and cation movement in an Indonesian Ultisol. Agronomy Journal, 89(4):572-579, 1997.

Dijkshoorn, K., Huting, J., Tempel, P. Aktualizacja Bazy Danych Gleb i Terenów 1:5 miliona dla Ameryki Łacińskiej i Karaibów (SOTERLAC). Report 2005/01, ISRIC - World Soil Information, Wageningen, 2005.

Dohrmann, R. Cation exchange capacity methodology I: An efficient model for the detection of incorrect cation exchange capacity and exchangeable cation results. Applied Clay Science 34: 31–37, 2006a.

Dohrmann, R. Cation exchange capacity methodology III: Correct exchangeable calcium determination of calcareous glins using a new silver-thiourea method. Clay Science Applied 34: 47–57, 2006b.

Dolman, J.D., Buol. S.W. A study of organic soils (Histosols): in the tidewater region of North Carolina. Karolina Północna: North Carolina Agricultural Experimental Station, Technical Bulletin, n.181, 1967, 47p.

Donagema, G.K., Campos, D.V.B. de, Calderrano, S.B., Teixeira, W.G., Viana, J.H.M. (Orgs). Manual of soil analysis methods. 2nd Ed., Embrapa Documentos 132. Rio de Janeiro: Embrapa Solos, 2011. 230p.

Driscoll, C.T., Postek, K.M. Chemia aluminium w wodach powierzchniowych. W: Sposito, G. (Ed.). The environmental chemistry of aluminium, 2nd ed., Boca Raton: CRC Press, 1996.

Driscoll, C.T., Van Breemen, N., Mulder, J. Chemia aluminium w zalesionym spodosolu. Soil Science Society of America Journal, 49:437-444, 1985.

Duchaufour, P. Handbook of Pedology. Rotterdam: A Balkema, 1998.

Duriez, M.A. de M., Johas, R.A.L., Barreto, W. de O. Acidez extraível do solo: comparação entre as metodologias internacional e do Serviço Nacional de Levantamento e Conservação de Solos (SNLCS). EMBRAPA-SNLCS, Boletim de Pesquisa nr 10. Rio de Janeiro: EMBRAPA-SNLCS, 1982. 10p.

Duriez, M.A.M., Johas, R.A.L. Aluminium ekstrahowane w glebie: oznaczenie spektrofotometryczne za pomocą pomarańczy ksylenolu. Rio de Janeiro, Embrapa-Serviço Nacional de Levantamento e Conservação de Solos, Boletim de Pesquisa, 6, 1982. 16p.

Ebeling, A.G. Analityczna charakterystyka kwasowości w organozolach. Rio de Janeiro: Universidade Federal Rural Rural do Rio de Janeiro, 2006, 88p.

EMBRAPA - Brazilian Agricultural Research Company. Narodowe Centrum Badań nad Glebami. Brazylijski system klasyfikacji gleby. Brasília, DF: Embrapa Produção da Informação; Rio de Janeiro: Embrapa Solos, 1999, 412p.

EMBRAPA - Brazilian Agricultural Research Company. Narodowe Centrum Badań nad Glebami. Manual of Soil Analysis Methods, 2. ed., Rio de Janeiro: EMBRAPA-CNPS, 1997. 212p.

EMBRAPA - Brazilian Agricultural Research Company. Badanie rozpoznania gleby w okręgu federalnym. Boletim Técnico, 53, Rio de Janeiro: CNPS, 1978.

EMBRAPA - Brazilian Agricultural Research Company. Badanie rozpoznania gleby w stanie Santa Catarina. Boletim de Pesquisa, 6, Rio de Janeiro: CNPS, 1998.

EMBRAPA - Brazilian Agricultural Research Company. Podręcznik metod analizy gleby. Rio de Janeiro: EMBRAPA-CNPS, 1987, 211p.

EMBRAPA - Brazilian Agricultural Research Company. Mapa glebowa Brazylii. EMBRAPA, Ministerstwo Rolnictwa, Zwierzęta gospodarskie i zaopatrzenie, 2011.

EMBRAPA - Brazilian Agricultural Research Company. Masterplan Embrapa Solos 2004-2007. Rio de Janeiro: Embrapa Solos, 2005, 36p.

Endredy, A.S., Quagraine, K.A. Kompleksowe badania" wymiany kationowej w glebach tropikalnych. W: Trans. 7 Inter. Congr. Soil Sci. v.2, s. 312-320, 1960.

Ernani, P.R., Almeida, J.A. Porównanie metod analitycznych w celu oceny zapotrzebowania na wapień w glebach stanu Santa Catarina. Revista Brasileira de Ciência do Solo, 10(2):143-150, 1986.

Ernani, P.R., Bayer, C., Almeida, J.A., Cassol, P.C. Pionowa mobilność kationowa pod wpływem metody aplikacji chlorku potasu w glebach o zmiennym obciążeniu. Revista Brasileira de Ciência do Solo, 31(2):393-402, 2007.

Escosteguy, P.A.V., Bissani, C.A. Estimate of H + Al by SMP pH w glebach Rio Grande do Sul i Santa Catarina. Revista Brasileira de Ciência do Solo, .23:175-179, 1999.

Fageria, N.K. Reakcja wyżynnego ryżu, fasoli, kukurydzy i soi na nasycenie zasadami w glebie cerrado. Revista Brasileira de Engenharia Agrícola e Ambiental, 5(3):416-424, 2001.

Falleiro, R.M., Souza, C.M., Silva, C.S.W., Sediyama, C.S., Silva, A.A., Fagundes J.L. Wpływ systemów przygotowania na właściwości chemiczne i fizyczne gleby. Revista Brasileira de Ciência do Solo, 27(6):1097-1104, 2003.

Farias, S.G.G. Osmotic stress in germination, growth and mineral nutrition of *glycyrrhidia* (*Gliricidia sepium* (Jacq.). Dysertacja, Uniwersytet Federalny Campina Grande, 2008.

Ferraz, J., Ohta, S., Salles, P.C. Rozmieszczenie gleby wzdłuż dwóch transektów w lesie pierwotnym na północ od Manaus (AM). *W*: Higuchi, N., Campos, M.A.A., Sampaio, P.T.B., Santos, J. (Eds.). *Badania leśne na rzecz ochrony lasów i rekultywacji zdegradowanych obszarów w Amazonii.* National Institute of Amazonian Research. Manaus, AM, s. 110-143, 1998.

Ferreira, S.J.F., Luizão, F.J., Mello-Ivo, W., Ross, S.M., Biot, Y. Fizyczne właściwości gleby po wyrębie selektywnym w środkowej Amazonii. Acta Amazonica, 32(3):449-466, 2002.

Ferreira, S.J.F., Luizão, F.J., Miranda, S.A.F., Silva, M. Do S.R. Da, Vital, A.R.T. Składniki pokarmowe w roztworze glebowym w środkowoamazońskim lesie suchym poddanym wycince selektywnej. Acta Amazônica, 36(1):59 - 68, 2006.

Ferreira, S.J.F., Luizão, F.J., Ross, S.M., Biot, Y., Mello-Ivo, W.M.P. Magazynowanie wody w glebie w lesie górskim po wyrębie selektywnym w środkowej Amazonii. R. Bras. Ci. Solo, 28:59-66, 2004.

Ferreira, S.J.F., Crestana, S., Luizão, F.J., Miranda, S.A.F. Składniki pokarmowe w glebie w selektywnie wyciętych lasach suchych w środkowej Amazonii. Acta Amazonica, 31(3):381-396, 2001.

FIBGE - Fundacja Brazylijskiego Instytutu Geografii i Statystyki. Mapa roślinności Brazylii. Rio de Janeiro, 1993.

Figueiredo, G.C. Movement of calcium from different sources added in columns of two Latosols. Master Dissertation, UFV, Viçosa, MG, 2006. 72p.

Fittkau, E.J. Zarys ekologicznego podziału regionu Amazonii. Proc. Symp. Biol. Trop. Amaz., Florencia y Letícia, 1969:363-372, 1971.

Folk, R.L., Ward, W.C. Bar rzeczny Brazos - badanie znaczenia parametrów ziarnistości. Dziennik Seda. Petrol., 27:3-27, 1957.

Foth, H.D. Fundamentals of Soil Sciences. Kanada: John Wiley & Sons. Inc., 1990.

Francis, C.W., Grigal, D.F. Szybka i prosta procedura wykorzystująca ^{85}Sr do określenia wydajności wymiany kationowej gleb i glin. Soil Science 112: 17-21, 1971.

Furtini Neto, A.E., Vale, F.R., Resende, A.V., Guilherme, L.R.G., Guedes, G.A.A. Płodność gleby. Teksty naukowe, Lavras: UFLA/FAEPE, 2001.

Galvão, F.A.D., Vahl, L.C. Calibration of the SMP method for organic soils. Revista Brasileira da Agrociência, 2(2):121-131, 1996.

Gloria, N.A. Odpady przemysłowe jako źródło materii organicznej. W: Meeting on soil organic matter: problems and solutions, Botucatu, 1992. Botucatu: UNESP, Wydział Nauk Agronomicznych, s. 129-148, 1992.

Goedert, W.J. Solos dos Cerrados. Technologie i strategie zarządzania. São Paulo: Nobel; Brasília: Embrapa, 1985.

Grandstaff, D.E. Tempo rozpuszczania się oliwki estrytycznej z hawajskiego piasku plażowego. W: Colman, S.M. & Dethier, D.P. (Ed.). Szybkość chemicznego wietrzenia skał i minerałów. Nowy Jork: Prasa Akademicka, 1986.

Gross, M.G. Carbon determination, s. 573-596. W: Carver, R.E. (Ed.). Procedury w petrologii osadowej. Nowy Jork: J. Wiley and Sons. 1971.

Guillaumet, J.L. Niektóre strukturalne aspekty lasu. Experientia, 43:241-251, 1987.

Gustafsson, J.P. Visual MINTEQ. 2013. Odwołaj je: www.1wr.kht.se/English/OurSoftware/Vminteq

Haugaasen, T., Peres, C. A. Florystyczne, edaficzne i strukturalne cechy zalewanych i niezalewanych lasów w dolnym regionie Rio Purús w środkowej Amazonii w Brazylii. Acta Amazonica, 36(1):25-35, 2006.

Hedin, L.O., Vitousek, P.M., Matson, P.A. Straty substancji odżywczych w ciągu czterech milionów lat rozwoju lasów tropikalnych. Ecology, 84(9):2231-2255, 2003.

Higgins, M.A., Ruokolainen, K., Tuomisto, H., Llerena, N., Cardenas, G., Phillips, O.L., Vásquez, R., Räsänen, M. Geological control of floristic composition in Amazonian forests. J. Biogeogr. , 38:2136–2149, 2011.

Man, B.G.C., Almeida Neto, O.B., Condé, M.S., Silva, M.D., Ferreira, I.M. Wpływ długotrwałego stosowania ścieków z hodowli świń na właściwości chemiczne i fizyczne czerwono-żółtego Latosolu. Scientific, 42(3):299-309, 2014.

Huang, P.M., Wang, M.K., Kampf, N., Schulze, D.G. Wodorotlenki glinu. W: Dixon, J.B., Schulze, D.G. (Ed.). Mineralogia glebowa z zastosowaniem środowiskowym. Madison: Soil Science Society of America, Book series, 7, chap. 8, p. 261-290, 2002.

Hueck, K. Jak florestas da América do Sul. Brasília: UnB. 1972.

IBGE - Brazylijski Instytut Geografii i Statystyki. Instrukcja techniczna z zakresu pedologii. Instrukcje techniczne w dziedzinie nauk geologicznych, 4, 2. edycja 2007. 316p.

Irion, G. Niepłodność glebowa w amazońskim lesie deszczowym. Naturwissenschaften, 65:515-519, 1978.

Ishiguro, M., Song, K.C., Yuita, K. Transport jonów w alofanicznym Andizolu pod wpływem zmiennego ładunku. Soil Science Society of America Journal, 56(6):1789-1793, 1992.

Jackson, M.L. Aluminium klejące w glebie: Zasada jednocząca w nauce o glebie. Soil Science Society of America Proceedings, 27(1):1-10, 1963.

Jackson, M.L. Soil Chemical Analysis. - Kurs zaawansowany. Madison: Univ. z Wisconsin, Dep. Soils. 1956. 991p.

Jackson, M.L. Soil Chemical Analysis. Englewood Cliffs, New Jersey: Prentice-Hall, 1960. 498p.

Jakobsen, S.T. Zaburzenia odżywiania pomiędzy potasem, magnezem, wapniem i fosforem w glebie. Plant and Soil, Dordrecht, 154(1):21-28, 1993.

Jordan, C.F., Herrera, R. Tropikalne lasy deszczowe: czy składniki odżywcze są naprawdę krytyczne? The American Naturalist, 117:167-180, 1981.

Złomowisko, W.J. Środkowa Amazońska równina zalewowa. Berlin: Springer-Verlag, 1997, 525p.

Juo, A.S.R. Wybrane metody analizy gleby i roślin. Ibadan: International Institute of Agriculture, 1978. 52p.

Kamiński, J. Czynniki kwasowości i zapotrzebowania na wapień w glebach Rio Grande do Sul. Praca magisterska, UFRGS, Faculdade de Agronomia, Porto Alegre, RS, 1974, 96p.

Kamiński, J. Stosowanie środków poprawiających kwasowość gleby w uprawie bezorkowej. Peloty: Brazylijskie Towarzystwo Gleboznawstwa, 2000. 123p.

Kamiński, J., Brunetto, G., Moterle, D.F., Rheinheimer, D.S. Zubożenie form potasu z gleby dotkniętej kolejnymi uprawami. Revista Brasileira de Ciência do Solo, 31(5):1003-1010, 2007.

Kasparia, M., Yanoviak, S.P., Dudley, R. Na biogeografii ograniczenia spożycia soli: Badanie zbiorowisk mrówek. Proceedings of the National Academy of Sciences of the United States of America, 105:17848-17851, 2008.

Katou, H. Zależność od pH wynikająca ze składu kationów i pojemności wymiany anionowej gleb o zmiennym ładunku. Gleba Sci. Soc. Am. J., 66:1218-1224, 2002.

Kauffman, J.B., Cummings, D.L., Ward, D.E. Fire in the brazilian Amazon 2. biomass, nutrient pools and losses in cattle pastures. Oecologia, 113(3):415-427, 1998.

Ketterings, Q., Reid, S., Rao, R. Nutrient Management Spear Program. Agronomia Seria Fact Sheet, Fact Sheet 22. Cornell University Cooperative Extension. 2007. http://nmsp.css.cornell.edu

Kilmer, V.J., Alexander, L.T. Metody wykonywania analizy mechanicznej gleb. Soil Science, 68:15-24, 1949.

Klamt, E., Van Reeuwijk, L.P. Evaluation of morfological, physical and chemical characteristics of ferralsols and related soil. R. Bras. Ci. Solo, 24:573:587, 2000.

Kopittke, P.M., Menzies, N.W. Przegląd zastosowania podstawowego wskaźnika nasycenia kationów i "idealnej" gleby. Soil Science Society of America Journal, 71(2):259-265, 2007.

Köppen, W. Climatology; z badaniem klimatu Ziemi. Fonde de Cultura Económica, Meksyk. 1948.

Landim, P.M.B. Analiza statystyczna danych geologicznych. São Paulo: UNESP Ed. 1997. 226p.

Leenheer, J.A. Pochodzenie i nazwa substancji humusowych w wodach dorzecza Amazonki. Acta Amazonica, 10:513-526, 1980.

Leitão Filho, H.F. Aspekty taksonomiczne lasów stanu São Paulo. W "Annals of the 1st National Congress on Native Essences", Campos do Jordão. Silviculture in São Paulo, São Paulo, 1, s. 197-206, 1982.

Leopoldo, P.R., Franken, W., Salati, E., Ribeiro, M.N.G. Towards a water balance in Central Amazonian region. Experientia: 43:222-233, 1987.

Lepsch, I.F., Quaggio, J.A., Sakai, E., Camargo, O.A., Valadares, J.M.A.S. Charakterystyka, klasyfikacja i gospodarka rolna gleb organicznych doliny rzeki Ribeira de Iguape, SP. Boletim Técnico, 131, Campinas: Instituto Agronômico, 1990, 58p.

Lewis, D.R. Dane analityczne dotyczące referencyjnych materiałów glinianych. Sekta. 3, Dane dotyczące wymiany podstawowej. 1950, American Petroleum Institute Project 49 Clay Mineral Standards, Preliminary Report 7, str. 91. 1949.

Lopes, A.S., Guilherme, L.R.G. Interpretacja analizy gleby. Koncepcje i zastosowania. ANDA - National Association for the Diffusion of Fertilizers, Boletim Técnico, 2, 2004, 50p.

Lorandi, R., Gonçalves, A.R.L., Gonçalves, J.M.M. Półskórne badanie pedologiczne kampusu Federalnego Uniwersytetu São Carlos i jego zastosowań. Raport wewnętrzny, São Carlos. 1988. 78p.

Lourenzi, C.R., Scherer, E.E., Ceretta, C.A., Tiecher, T.L., Cancian, A., Ferreira, P.A.A., Brunetto, G. Właściwości chemiczne Latossolo po kolejnych zastosowaniach organicznego związku płynnego obornika świńskiego. Brazilian Agricultural Research, 51(3):233-242, 2016.

Lucas, R.E. Organic Soils (Histosols): Formacja, rozmieszczenie, właściwości fizyczne i chemiczne oraz zarządzanie produkcją roślinną. Farm Science Research Report, 435, Michigan: Michigan State University, 1982. 80p.

Luchese, E.B., Fávero, L.O.B., Lenzi, E. Fundamenty chemii glebowej. Rio de Janeiro: Freitas Bastos, 2001, 182p.

Luizão, F.J. Ciclos de Nutrientes na Amazônia: Reakcje na zmiany środowiskowe i klimatyczne. Ciência e Cultura Wersja On-line, 59(3), 2007. http://cienciaecultura.bvs.br/scielo.php?pid=S0009-67252007000300014cript=sci_arttextlng=en

Luizão, F.J. Produkcja ściółki i pierwiastków mineralnych przypisuje się do lasu w centralnej części Puszczy Amazońskiej. Geojournal, 19:407-417, 1989.

Luizão, F.J.; Schubart, H.O.R. Litter production and decomposition in a terra-firme forest of Central Amazonia. Experientia, 43(3):259-265, 1987.

Luizão, R.C.C., Luizão, F.J. Liteira i biomasa mikrobiologiczna gleby w cyklu materii organicznej i składników odżywczych na lądzie w środkowej Amazonii. W: Val, A.L.; Figlioulo, R.; Feldberg, E. (Eds). Podstawy naukowe dla strategii ochrony i rozwoju

Amazonii: fakty i perspektywy. Vol. 1, National Institute of Amazonian Research. Manaus, Amazonas. s. 65-75, 1991.

Macedo, J., Madeira Netto, J.S. Wkład w interpretację badań terenowych. Biuletyn badawczy, 6, Planaltina: EMBRAPA/CPAC, 32p., 1981.

Mahiques, M.M. Considerations on the surface and bottom sediments of the Ilha Grande Bay, State of Rio de Janeiro. Dissertation Master's, IO, USP, São Paulo, SP. 1987. 77p.

Malavolta, E. Praktyka wapnowania. 3) pod red. Sorocaba: Indústria Mineradora Pagliato Ltda, Boletim Técnico, 2, 1984.

Malavolta, E. Podręcznik chemii rolniczej: Żywienie roślin i żyzność gleby. São Paulo: Editora Agronômica Ceres, 1976, 528p.

Malavolta, E., Vitti, G.C., Oliveira, S.A. Avaliação do estado nutricional das plantas: princípios e aplicações, 2 ed., Piracicaba: Associação Brasileira para Pesquisa da Potassa e do Fosfato, 1997.

Mascarenhas, H.A.A., Miranda, M.A.C., Lelis, L.G.L., Bulisani, E.A., Braga, N.R., Pereira, J.C.V.N.A. Zielona łodyga i zatrzymanie liści w soi spowodowane niedoborem potasu. Boletim Técnico IAC, 199, Campinas SP: Instituto Agronômico, 1987.

Mascarenhas, H.A.A., Tanaka, R.T., Carmello, Q.A.C., Gallo, P.B., Ambrosano, G.M.B. Limestone and potassium for soja cultivation. Scientia Agricola, 57(3):445-449, 2000.

McClain, M.E., Richey, J.E., Brandes, J.A., Pimentel, T.P. Rozpuszczona materia organiczna i naziemne połączenia lotne w środkowym basenie Amazonki w Brazylii. Global Biogeochemical Cycles, 11(3):295-311, 1997.

McGrath, D.A., Smith, C.K., Gholz, H.L., Oliveira, F.D. Wpływ zmiany sposobu użytkowania gruntów na dynamikę składników pokarmowych gleby w Amazonii. Ecosystems, 4(7):625-645, 2001.

McKnight, D.M., Bencala, K.E., Zellweger, G.W., Aiken, G.R., Feder, G.L., Thorn, K.A. Sorpcja rozpuszczonego węgla organicznego przez uwodnione aluminium i tlenki żelaza zachodząca u zbiegu potoku jeleniowatego z rzeką wężową, szczyt Country, Colorado. Environmental Science & Technology, 26(7):1388-1396, 1992.

Medeiros, J.C., Albuquerque, J.A., Mafra, A.L., Dalla Rosa, J., Gatiboni, L.C. Calcium:magnesium ratio of soil acidity corrector in nutrition and initial development of corn plants in an Alicum Cambisolo. Semina: Agricultural Sciences, 29(4):799-806, 2008.

Mehlich, A. Zastosowanie buforu wodorotlenku trietanoloaminy, octanu-baru do określenia niektórych właściwości wymiany zasadowej i zapotrzebowania gleby na wapno. Gleba Sci. Soc. Am. Proc., 29:374-378, 1938.

Meier, L.P., Kahr, G. Oznaczanie zdolności do wymiany kationowej (CEC) minerałów ilastych przy użyciu kompleksów jonów miedzi (II) z trietylenotetraaminą i tetraetylenopentaminą. Clays and Clay Minerals 47: 386-388, 1999.

Melo, V.F., Corrêa, G.F., Maschio, P.A., Ribeiro, A.N., Lima, V.C. Znaczenie gatunków mineralnych w całkowitej zawartości potasu we frakcji ilastej gleb trójkąta górniczego. Revista Brasileira de Ciência do Solo, 27(5):807-819, 2003.

Melo, W.J., Marques, M.O., Santiago, G., Chelli, R.A., Leite, S.A.S. Wpływ zwiększania dawek osadów ściekowych na frakcję materii organicznej i CTC trzciny cukrowej uprawianej latossolo. Brazilian Journal of Soil Science, 18:449-455, 1994.

Mendes, J.C., Petri, S. Geologia do Brasil. Rio de Janeiro: Narodowy Instytut Książki. 1971 207p.

Mengel, K., Kirkby, E.A. Principles of plant nutrition. 5. edycja. Dordrecht: Kluwer Academic, 2001.

Meurer, E.J., Castilhos, R.M.V. Uwalnianie potasu z frakcji gleby i jej kinetyki. Brazilian Journal of Soil Science, 25(4):823-829, 2001.

Meurer, E.J., Rosso, J.I. Kinetyka uwalniania potasu w glebach Rio Grande do Sul. Revista Brasileira de Ciência do Solo, 21(4):553-558, 1997.

Mitchell, J. Pochodzenie, charakter i znaczenie składników organicznych gleby o właściwościach wymiany zasadowej. J. Amer. Soc. Agron. 24:256-275, 1932.

Moreira, A., Fageria, N.K. Soil Chemical Attributes of Amazonas State, Brazil. Communications in Soil Science and Plant Analysis, 40:2912-2925, 2009.

Mulder, J., Stein, A. Rozpuszczalność aluminium w kwaśnych glebach leśnych: długotrwałe zmiany spowodowane odkładaniem się kwasów. Geochimica et Cosmochimica Acta, 58:85-94, 1994.

Muniz, A.C., Jackson, M.C. Ilościowa analiza mineralogiczna gleb brazylijskich pochodzących ze skał i stanu. Wisconsin Soil Science Report, 212, Madison: University of Wisconsin, 1967, 74p.

Navarra, C.T., Furtado, V.V., Eichler, B.B., Prado, O.R. Rozprzestrzenianie się materii organicznej w przybrzeżnych osadach morskich i w glebach hydromorficznych strefy przybrzeżnej Państwa São Paulo. Bol. Oceanographic Inst., 29(2):267-270, 1980.

Nelson, P.N., Baldock, J.A., Oades, J.M. Stężenie i skład rozpuszczonego węgla organicznego w strumieniach w stosunku do właściwości gleby zlewni. Biogeochemia, 19:27-50, 1993.

Nepstad, D.C., DeCarvalho, C.R., Davidson, E.A., Jipp, P.H., Lefebvre, P.A., Negreiros, G.H., da Silva, E.D., Stone, T.A., Trumbore, S.E., Vieira, S. Rola głębokich korzeni w hydrologicznym i węglowym obiegu lasów i pastwisk amazońskich. Nature, 372(6507):666-669, 1994.

Oliveira, E.L., Parra, M.S. Reakcja rośliny fasoli na zmienne stosunki między wapniem a magnezem w zdolności wymiany kationowej Latossolos. Revista Brasileira de Ciência do Solo, 27(5):859-866, 2003.

Oliveira, F.A., Carmello, Q.A.C., Mascarenhas, H.A.A. Dostępność potasu i jego związki z wapniem i magnezem w soi uprawianej w cieplarni. Scientia Agricola, 58(2):329-335, 2001.

Oliveira, R.H., Rosolem, C.A., Trigueiro, R.M. Znaczenie przepływu masy i dyfuzji w dostarczaniu potasu do drzewa bawełny jako zmiennej wody i potasu w glebie. Revista Brasileira de Ciência do Solo, 28(3):439-445, 2004.

Olson, L.C., Bray, R.H. Określenie zdolności gleb do podstawowej wymiany organicznej. Soil Sci. 45:483-496, 1938.

Oorts, K., Merckx, R., Vanlauwe, B., Senginga, N., Diels, J. Dynamika frakcji materii organicznej nośnej gleby w glebach silnie wietrzonych. 17. Światowy Kongres Nauk o Glebie. Sympozjum nr. 13, Tajlandia, s. 1007, 2002.

Osaki, F. Zamknąć się i nawozić. Kampingi: Brazylijski Instytut Edukacji Rolniczej, 1991. 503p.

Otomo, M. Oznaczanie spektrofotometryczne glinu przy użyciu ksylenolowej pomarańczy. Byk. Chem. Soc. Japonia, 36:809-813, 1963.

Pansu, M., Gautheyrou, J. Handbook of soil analysis. Nowy Jork: Springer, 2006.

Paoli, G.D., Currans, L.M. Soil Nutrients Limit Fine Litter Prodsuction and Tree Growth in Mature Lowland Forest of Southwesterns Borneo. Ecossystems, 10:503-518, 2007.

Pauliquevis, T., Artaxo, P., Oliveira, P. H., Paixão, M. Rola cząstek aerozolu w funkcjonowaniu ekosystemu Amazonii. Cienc. Cult.59(3):48-50, 2007.

Pedroso Neto, J.C., Costa, J. de O. Analiza gleby. Ustalenia, obliczenia i interpretacje. Minas Gerais: EPAMIG/FAPEMIG, Empresa de Pesquisa Agropecuária de Minas Gerais. 2012. 16p.

Peech, M. Exchange acidity, s. 905-913. W: Black, C.A. (Ed.). Metody analizy gleby. Madison, American Society of Agronomy, 1965.

Pejon, O.J. Mapping of Piracicaba-SP (skala 1:100.000): badanie aspektów metodologicznych, charakterystyka i prezentacja atrybutów. Praca doktorska. Departamento de Geotecnia, Escola de Engenharia de São Carlos, USP, São Carlos. 2 v. 1992. 224p.

Pereira, M.G., Anjos, L.H.C., Valladares, G.S. Organossolos: występowanie, geneza, klasyfikacja, zmiany według wykorzystania i zarządzania w rolnictwie. W: Vidal-Torrado, P., Alleoni, L.R.F., Cooper, M., Silva, Á.P., Cardoso, E.J. (Org.). Tematyka gleboznawstwa, 4th ed., v.4, s. 233-276, 2005.

Phillips, O.L., Vargas, P.N.A., Monteagudo, L., Cruz, A.P., Zans, M.E.C., Sánchez, W.G., YliHalla, M., Rose, S. Habitat association among Amazonian tree species: a landscape scale approach. Journal of Ecology, 91:757-775, 2003.

Prado, R. de M., Coutinho, E.L.M., Roque, C.G., Villar, M.L.P. Ocena żużla stalowego i wapiennego jako środków poprawiających kwasowość gleby w uprawie sałaty. Pesquisa Agropecuária Brasileira, 37:539-546, 2002.

Prado, R. de M., Fernandes, F.M. Pozostały wpływ żużla stalowego jako korektora kwasowości gleby na soqueira z trzciny cukrowej. Revista Brasileira de Ciência do Solo, 27:287-296, 2003.

Primavesi, A. Ekologiczna gospodarka gruntami: rolnictwo w regionach tropikalnych. 18. ed. São Paulo: Nobel, 2006. 549p.

Pritchard, D.T. Spektrofotometryczne oznaczanie aluminium za pomocą ksylenolowej pomarańczy. Analityk, 92:103-106, 1967.

Quesada, C.A., Lloyd, J., Schwarz, M., Patiño, S., Baker, T.R., Czimezik, C.I. *i in.* Zmiany właściwości chemicznych i fizycznych amazońskich gleb leśnych w odniesieniu do ich genezy. Biogeosciences, 7:1515-1541, 2010.

Quesada, C.A., Lloyd, J., Anderson, L.O., Fyllas, N.M., Schwarz, M., Czimczik, C.I. Soils of Amazonia, ze szczególnym uwzględnieniem terenów RAINFOR-u. Biogeosciences, 8(6):1415-1440, 2011.

Quesada, C.A., Phillips, O.L., Schwarz, M., Czimezik, C.I., Baker, T.R., Patiño, S. *i inni. W zróżnicowaniu* struktury i funkcji lasów amazońskich w całym basenie pośredniczą zarówno gleby jak i klimat. Biogeosciences, 9:2203-2246, 2012.

Radam Brasil. Badanie zasobów naturalnych. Folha AS.20 Manaus. Rio de Janeiro: Krajowy Departament Produkcji Mineralnej. 1978.

Raij, B.V. Zdolność wymiany kationowej frakcji organicznych i mineralnych w glebie. Campinas, Bragantia, 28(8):85-112, 1968.

Raij, B.V. Mechanizmy interakcji pomiędzy glebą a substancjami odżywczymi, s. 17-31. W: Raij, B.V. (Ed.). Ocena żyzności gleby. Piracicaba: Instituto da Potassa e Fosfato, 1981.

Raij, B.V., Andrade, J.C., Cantarela, H., Quaggio, J.A. Analiza chemiczna do oceny żyzności gleby tropikalnej. Campinas: Instituto Agronômico, 2001, 285p.

Raij, B.V., Cantarella, H., Camargo, A.P., Soares, E. Calcium and magnesium losses for five years in liming test. Revista Brasileira de Ciência do Solo, 6:33-37, 1982.

Raij, B.V., Quaggio, J.A. Metody analizy gleby dla celów żyzności. Campinas: Instituto Agronômico, Boletim técnico, 63, 1983, 16p.

Raij, B.V., Cantarella, H., Quaggio, J.A., Furlani, A.M.C. Fertilization and liming recommendations for the State of São Paulo. W: Raij, B. Van; Cantarella, H.; Quaggio J.A.; Furlani A.M.C. 2nd Ed. Biuletyn Techniczny, nr 100. Campinas: Instituto Agronômico de Campinas, 1996. 285p.

Ranzani, G. Identyfikacja i charakterystyka niektórych gleb w Stacji Doświadczalnej Leśnictwa Tropikalnego INPA. Akta Amazônica: 10(1):7-41, 1980.

Rheinheimer, D.S., Kaminski, J., Lupatini, G.C., Santos, E.J.S. Modyfikacje właściwości chemicznych gleby piaszczystej w systemie bez orki. Revista Brasileira de Ciência do Solo, Viçosa, 22(4):713-721, 1998.

Richards, L.A. (Ed.). Diagnoza i poprawa stanu gleb solankowych i zasadowych. USDA Agriculture Handbook, 60. Washington: USDA, 1954. 160p.

Ritchey, K.D., Silva, J.E., Costa, U.F. Niedobór wapnia w gliniastym horyzoncie B oksyizoli sawannowych. Soil Science, Baltimore, 133(6):378-382, 1982.

Rizzini, C.T. Tratado de Fitogeografia do Brasil: aspekty ekologiki, socjologiki i florystyki. Rio de Janeiro: Zakres kulturowy, 1979.

Robertson, G.P., Coleman, D.C., Bledsoe, C.S., Sollins, P. (Ed.). Standardowe metody glebowe do długoterminowych badań ekologicznych. Nowy Jork - Oxford: Oxford University Press, LTER. 1999.

Rodrigues, T.E. Mineralogy i geneza sekwencji gleb Cerrados w Dystrykcie Federalnym. Praca magisterska, Porto Alegre, RS: Facudade de Agronomia, UFRGS, 1977.

Ronquim, C.C. Koncepcje żyzności gleby i właściwego zarządzania dla regionów tropikalnych. Boletim de Pesquisa e Desenvolvimento, nr 8. Campinas: Monitoring satelitarny Embrapa, 2010. 30p.

Rosolem, C.A., Machado, J.R., Bringholi, O. Wpływ związków Ca/Mg, Ca/K i Mg/K gleby na produkcję sorgo. Pesquisa Agropecuária Brasileira, Brasília, DF, 19:1443-1448, 1984.

Rosolem, C.A., Machado, J.R., Ribeiro, D.B.O. Formy potasu w glebie i żywienie potasem soi. Revista Brasileira de Ciência do Solo, 12(1):121-125, 1988.

Ross, D.S., Ketterings, Q. Zalecane metody oznaczania pojemności wymiany kationowej gleby. Rozdział 9, s. 75-86. W: Zalecane procedury badania gleby dla północno-wschodnich Stanów Zjednoczonych. Cooperative Bulletin N°. 493. 2011.

Ross, J.L.S. (Org.). Geografia Brazylii. 4th Ed, 1. przedruk, São Paulo: EDUSP, 2003. 549p.

Salet, R.L., Anghinoni, I., Kochhann, R.A. Aktywność glinu w roztworze glebowym systemu bezglebowego. Unicruz Scientific Journal, 1:9-13, 1999.

Sanchez, P.A. Właściwości i gospodarowanie glebami w tropikach. Nowy Jork: John Wiley, 1976. 618p.

Sanchez, P.A., Villachica, J.H., Bandy, D.E. Dynamika płodności gleby po wycięciu tropikalnego lasu deszczowego w Peru. Soil Science Society of America Journal, 47:1171-1178, 1983.

Santos, A.B., Fageria, N.K., Zimmermann, F.J.P. Chemiczne właściwości gleby, na które ma wpływ zarządzanie nawozami wodnymi i potasowymi w nawadnianych uprawach ryżu. Revista Brasileira de Engenharia Agrícola e Ambiental, 6(1):12-16, 2002.

Santos, H.G. dos, Carvalho Júnior, W. de, Dart, R. de O., Áglio, M.L.D., Souza, J.S. de, Pares, J.G., Fontana, A., Martin, A.L. da S., Oliveira, A.P. de. Zaktualizowano nową mapę glebową legendy o Brazylii. Rio de Janeiro: Embrapa Solos, 2011. 67p.

Schimel, D.S. Ekosystemy lądowe i cykl węglowy. Global Change Biology, 1(1):77-91, 1995.

Schimel, D.S., Braswell, B.H., Holland, E.A., Mckeown, R., Ojima, D.S., Painter, T.H., Parton, W.J., Townsend, A.R. Kontrola klimatyczna, edaficzna i biotyczna nad składowaniem i obrotem węgla w glebie. Global Biogeochemical Cycles, 8(3):279-293, 1994.

Schofield, R.K., Taylor, A.W. Pomiar pH gleby. Soil Science Society of America Proceedings, 25(2):164-167, 1955.

Schollenberger, C.J. Wymienna reakcja wodoru i gleby. Sci., 35:552-553, 1927.

Schubart, H.O.R., Franken, W., Luizão, F.J. Las na ubogich glebach. Science Today, 2(10):26-32, 1984.

Shepard, nomenklatura F.P. oparta na proporcjach piaskowo-gliniastych. J. Sedim. Petrol., 24(3):151-158, 1954.

Shuman, L.M., Duncan, R.R. Soil exchangeable cations and aluminium measured by ammonium chloride, potassium chloride, and ammonium acetate. Comm. Soil Sci. Plant Anal., 21:1217-1218, 1990.

Silva, A.A., Lana, A.M.Q., Lana, R.M.Q., Costa, A.M. Nawożenie odpadami wieprzowymi: wpływ na cechy bromatologiczne rozkładu brachiarii i zmiany gleby. Inżynieria rolnicza, 35(2):254-265, 2015.

Silva, D.F., Matos, A.T., Pereira, O.G., Cecon, P.R., Moreira, D.A. Dostępność sodu w glebie z trawą tyftonową i stosowanie perkolanu pozostałości stałych. Revista Brasileira de Engenharia Agrícola e Ambiental, 14(10):1094-1100, 2010.

Silva, E.B., Dias, M.S.C., Gonzaga, E.I.C., Santos, N.M. Szacunkowa ocena potencjalnej kwaśności przez pH SMP w glebach północnego regionu stanu Minas Gerais. Revista Brasileira de Ciência do Solo, 26:561-565, 2002.

Silva, E.B., Costa, H.A.O., Farnezi, M.M.M. Potencjalna kwasowość oszacowana metodą SMP pH w glebach regionu Doliny Jequitinhonha w stanie Minas Gerais. Revista Brasileira de Ciência do Solo, 30:751-757, 2006.

Silver, W.L., Neff, J., McGroddy, M., Veldkamp, E., Keller, M., Cosme, R. Wpływ struktury gleby na podziemne magazynowanie węgla i składników pokarmowych w nizinnym ekosystemie leśnym Amazonii. Ecosystems, 3(2):193-209, 2000.

Simonete, M.A., Kiehl, J.C., Andrade, C.A., Teixeira, C.F.A. Wpływ osadów ściekowych na wzrost i odżywianie Argissolo i kukurydzy. Brazilian agricultural research, 38(10):1187-1195, 2003.

Simson, C.R., Corey, R.B., Sumner, M.E. Effect of varying Ca:Mg ratios on yield and composition of corn (*Zea mays*) and alfalfa (*Medicago sativa*). Communications in Soil Science and Plant Analysis, New York, 10(1-2):153-162, 1979.

Škorić, A. Sastav i svojstva tla. Fakultet poljoprivrednih znanosti Sveučilišta u Zagrebu, Zagrzeb. 1991.

Smethurst, P.J. Soil solution and other soil analyses as indicators of nutrient supply: a review. Ekologia i gospodarka leśna, 138(1/3):397-411, 2000.

Sombroek, W.G. Rekonesans gleb amazońskich. Ultrech University Press, 1966, 293p.

Sousa, D.M.G., Lobato, E. Cerrado: korekcja gleby i nawożenie. Planaltina: Embrapa Cerrados, 2002.

Souza, I.G., Costa, A.C.S., Sambatti, J.A., Peternele, W.S., Tormena, C.A., Montes, C.R., Clemente, C.A. Udział składników frakcji ilastej gleb subtropikalnych w określonej powierzchni i zdolności wymiany kationów. R. Bras. Ci. Solo, 31:1355-1365, 2007.

Souza, L.S., Souza, L.D., Souza, L.F.S. Fizyczne i chemiczne wskaźniki jakości gleby w podejściu do produkcji roślinnej: Studium przypadku dla cytrusów w glebach spoistych na tacach przybrzeżnych. W: Congresso brasileiro de ciência do solo, 29., Ribeirão Preto, 2003. Annale. Ribeirão Preto, UNESP, Sociedade Brasileira de Ciência do Solo, 2003. CD-ROM.

Iskry, D.L. Dynamika potasu w glebie. W: Stewart, B.A. (Ed.). Postępy w naukach o glebie. v. 6. Nowy Jork: Springer-Verlag, 1987.

Stallard, R.F., Edmond, J.M. Geochemistry Amazonki. 1. Chemia opadów i udział morza w ładunku rozpuszczonym w czasie szczytowego zrzutu. Journal of Geophysical Research Oceans and Atmosphere, 86(10):9844-9858, 1981.

Steege, H.T. *et al.* Hiperdominance in the Amazonian Tree Flora. Nauka, 18(342), nr 6156, 2013. DOI:10.1126/nauka.1243092

Steege, H.T., Pitman, N.C.A., Phillips, O.L., Chave, J. Continental scale patterns of canopy tree composition and function across Amazonia. Natura, 28:444-447, 2006.

Stevens, G., Gladbach, T., Motavalli, P., Dunn, D. Wapń glebowy: stosunek magnezu i wapna zalecenia dla bawełny. Journal of Cotton Science, Baton Rouge, 9(1):65-71, 2005.

Stuanes, A.O., Ogner, G., Opem, M. Wyciąg z azotanu amonu dla kationów wymiennych w glebie, kwasowość wymienna i aluminium. Comm. Soil Sci. Plant Anal., 15:773- 778, 1984.

Suguio, K. Wprowadzenie do sedymentologii. São Paulo: Ed. Edgard Blucher/EDUSP. 1973. 110p.

Summer, M.E., Miller, W.P. Cation Cchange capacity and exchange coefficients, p.1201-1229. In: Sparks, D.L.; Page, A.L.; Helmke, P.A. (Eds.). Metody analizy gleby. Część 3. Części 3. Metody chemiczne. Madison, Wisconsin: Soil Science Society of America. 1996.

Thomas, G.W. Wymienne kationy. W: Page, A.L. (Ed.). Metody analizy gleby. Część 2: Właściwości chemiczne i mikrobiologiczne (wydanie [2].). Agronomia, 9:159-165, 1982.

Thurman, E.M. Organiczna geochemia wód naturalnych. Dordrecht: Martinus Nijhoff, v.2, 1985, 497p.

Tie, Y.L., Kueh, H.S. Przegląd nizinnych gleb organicznych Sarawaku. Sarawak, Malezja: Department of Agriculture, Research Branch, Technical Paper, 4, 1979, 49p.

Tisdale, S.L., Nelson, W.L., Beaton, J.D., Havlin, J.L. Żyzność gleby i nawozy. 5. edycja. Nowy Jork: MacMillan, 1993.

Tomašić, M., Zgorelec, T., Jurišić, A., Kisić, I. Cation Exchange Capacity of Dominant Soil Types in the Republic of Croatia. Journal of Central European Agriculture, 14(3):937-951, 2013.

Tucker, B.M. Oznaczanie wymiennego wapnia i magnezu w glebach węglanowych. Aust. J. Agric. Res. 5: 706-715, 1954.

Tuomisto, H., Ruokolainen, K., Poulsen, A. D., Moran, R. C., Quintana, C. , Cañas, G., Celi, J. Distribution and diversity of pteridophytes and melastomataceae along edaphic gradientes in Yasuní National Park, Ecuadorian Amazonia1. Biotropica, 34(4):516-533, 2002.

Tuomisto, H., Ruokolainen, K., Yli-Halla, M. Rozproszenie, środowisko i odmiana florystyczna zachodnich lasów amazońskich. Nauka, 299(5604):241-244, 2003.

Tyner, E.H. Zastosowanie metafosforanu sodu do mechanicznej analizy gleby. Soil Science Society of America Proceedings, Madison, 4:106-113, 1963.

Veloso, H.P., Rangel Filho, A.L.R., Lima, J.C.A. Klasyfikacja roślinności brazylijskiej, dostosowana do systemu uniwersalnego. Rio de Janeiro: Brazylijski Instytut Geografii i Statystyki, 1991. 123p.

Vezzani, F.M. Quality of the soil system in agricultural production. Praca doktorska, Uniwersytet Federalny Rio Grande do Sul, Porto Alegre. 2001. 184p.

Vieira, L.S., Santos, P.C.T.C. Amazonia swoje gleby i inne zasoby naturalne. São Paulo: Ed. Agronômica Ceres, 1987, 416p.

Villa, M.R., Fernandes, L.A., Faquin, V. Formy potasu w glebach zalewowych i ich dostępność dla rośliny fasoli. Revista Brasileira de Ciência do Solo, 28(4):649-658, 2004.

Vitousek, P.M., Sanford, R.L. Nutrient Cycling in Moist Tropical Forest. Annual Review of Ecology and Systematics, 17:137-167, 1986.

Vitousek, P.M., Porder, S., Houlton, B.Z., Chadwick, O.A. Ograniczenie fosforu ziemskiego: mechanizmy, implikacje i interakcje azotowo-fosforowe. Ecological Applications, 20:5-15, 2010.

Walker, W.J., Cronan, C.S., Bloom, P.R. Rozpuszczalność glinu w organicznych poziomach glebowych z północy i południa - leśne zagrody wodne. Soil Science Society of America Journal, 54:369-374, 1990.

Wang, Q., Li, Y., Klassen, W. Określanie zdolności wymiany kationów na glebach nisko- i wysokowęglowych. Communications in Soil Science and Plant Analysis, 36:1479-1498, 2005.

Werle, R., Garcia, R.A., Rosolem, C.A. Wymywanie potasu w zależności od struktury i dostępności substancji odżywczych w glebie. Revista Brasileira de Ciência do Solo, 32:2297-2305, 2008.

Yamamoto, J.K., Goulart, E.P., Hasui, Y. Analiza statystyczna danych chemicznych z kompleksu alkalicznego Anitapolis, SC. Congres. Staniki. Geol., XXXI, Camboriú, SC. 2:1272-1280, 1980.

Yavitt, J.B., Harms, K.E., Garcia, M.N., Mirabello, A.J., Wright, S.J. Żyzność gleby i dynamika korzeni drobnych w odpowiedzi na 4 lata nawożenia składników pokarmowych (N, P, K) w nizinnym, tropikalnym lesie wilgotnym, Panama. Austral Ecol., 36:433-445, 2011.

Zambrosi, F.C.B. Lime i tynkowanie w jonowej specjacji roztworu latosolu w systemie bezglebowym. Master Dissertation, ESALQ, USP, 2004, 123p.

Zuquette, L.V. Analiza kartografii geotechnicznej i propozycja metodologiczna dla warunków brazylijskich. Praca doktorska, Wydział Geotechniki, Szkoła Inżynierii São Carlos, USP, São Carlos. 3v. 1987. 657p.

9. ZAŁĄCZNIKI

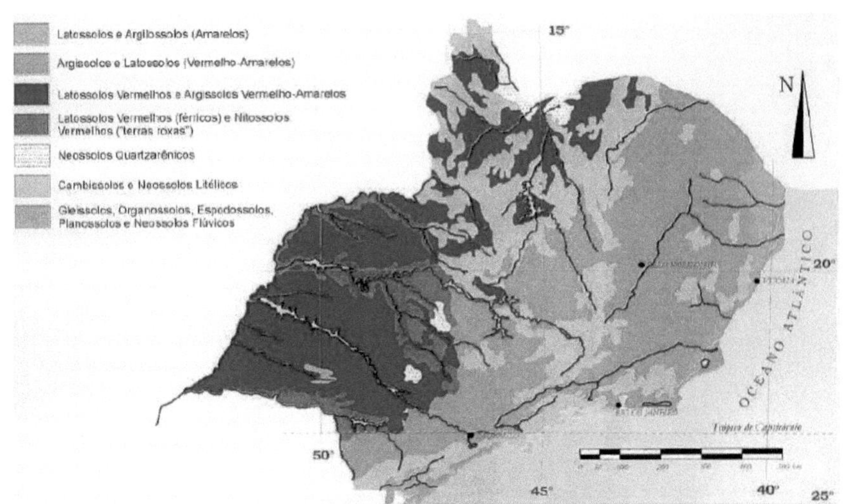

Rysunek 9.1: Schematyczna mapa dominujących gleb w południowo-wschodnim regionie Brazylii. Źródło: IBGE (2007); EMBRAPA (2011).

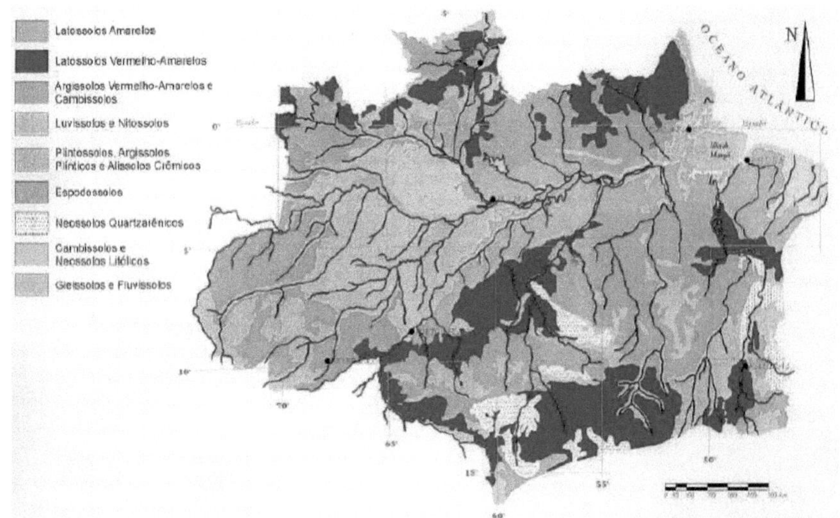

Rys. 9.2 Schematyczna mapa dominujących gleb w regionie Amazonii. Źródło: IBGE (2007); EMBRAPA (2011).

Tabela 9.1: Baza danych gleb, z których pobierane są próbki w biomach Lasu Atlantyckiego i Lasu Amazońskiego, ze wskazaniem związków organicznych (OM i POC), stosunku SiO2/Al2O3 i składników jonowych.

Strona	Gleba	OM (%)	POC (%)	Ki	CECsum (cmolc/kg)	m (%)	V (%)	CECe (cmolc/kg)
U1a	LVAd	5.03	2.56	1.3	3.57	48.0	33.8	4.63
		5.02	2.55					
		4.98	2.53					
		5.01	2.55					
		4.96	2.52					
		4.98	2.53					
U1b	LVAd	4.96	2.52	1.3	2.13	39.2	28.1	2.33
		5.07	2.58					
		5.15	2.62					
		4.88	2.48					
		4.95	2.52					
		5.01	2.55					
U2a	LVAd	4.88	2.48	1.3	2.17	43.3	24.4	2.77
		4.93	2.51					
		5.12	2.60					
		4.91	2.50					
		4.93	2.51					
		4.98	2.54					
U2b	LVAd	5.19	2.64	1.3	1.82	46.3	19.5	2.72
		5.09	2.59					
		5.03	2.56					
		4.98	2.53					
		4.96	2.52					
		5.07	2.58					
U3a	LVAd	5.09	2.59	1.3	4.41	50.5	40.3	5.71
		4.79	2.44					
		4.95	2.52					
		4.91	2.50					
		5.06	2.57					
		4.97	2.53					
U3b	LVAd	5.29	2.69	1.3	2.44	51.9	24.2	3.88
		5.06	2.57					
		5.06	2.57					
		4.92	2.50					
		5.02	2.55					
		5.03	2.56					
U4a	LVAd	4.96	2.52	1.2	1.45	50.3	17.7	2.74
		5.00	2.54					
		4.93	2.51					
		4.93	2.51					
		5.01	2.55					
		4.96	2.52					
U4b	LVAd	4.96	2.52	1.2	1.98	48.2	23.8	3.06

	5.00	2.54

Tabela 9.1: (kontynuacja).

Strona	Gleba	OM (%)	POC (%)	Ki	CECsum (cmolc/kg)	m (%)	V (%)	CECe (cmolc/kg)
		5.04	2.56					
		4.84	2.46					
		4.81	2.44					
		4.87	2.48					
U5a	LVd	3.73	1.98	0.9	2.17	36.3	55.1	3.01
		3.71	1.97					
		3.74	1.98					
		3.58	1.90					
		3.64	1.93					
		3.66	1.94					
U5b	LVd	3.81	2.02	0.9	2.48	36.2	47.5	3.40
		3.72	1.97					
		3.74	1.98					
		3.61	1.91					
		3.72	1.97					
		3.69	1.95					
U6a	LVAd	5.07	2.58	1.2	3.01	54.3	28.1	4.69
		5.08	2.58					
		5.16	2.63					
		5.12	2.61					
		5.17	2.63					
		5.11	2.60					
U6b	LVAd	5.06	2.57	1.2	2.94	51.9	28.3	4.38
		5.09	2.59					
		5.22	2.66					
		5.02	2.56					
		4.98	2.53					
		5.04	2.56					
U7a	LVd	3.99	2.03	0.9	4.10	39.7	47.8	4.97
		3.98	2.02					
		3.99	2.03					
		3.67	1.87					
		3.81	1.94					
		3.89	1.98					
U7b	LVd	3.91	1.99	0.9	3.12	28.2	54.0	3.89
		3.97	2.02					
		3.63	1.85					
		3.93	2.00					
		3.82	1.94					
		3.87	1.97					
U8a	LVd	3.95	2.01	0.9	3.14	31.7	55.0	3.94
		3.94	2.01					
		3.95	2.01					
		3.98	2.02					
		3.94	2.00					
		4.00	2.03					

Tabela 9.1: (kontynuacja).

Strona	Gleba	OM (%)	POC (%)	Ki	CECsum (cmolc/kg)	m (%)	V (%)	CECe (cmolc/kg)
U8b	LVd	4.04	2.05	0.9	2.83	44.6	50.2	3.83
		3.94	2.01					
		3.95	2.01					
		3.86	1.96					
		3.93	2.00					
		3.92	1.99					
U9a	LVAd	4.92	2.64	1.3	2.48	43.3	26.9	3.08
		5.16	2.76					
		5.09	2.73					
		4.96	2.66					
		5.17	2.77					
		5.26	2.82					
U9b	LVAd	5.14	2.75	1.3	3.22	48.1	28.0	4.29
		5.00	2.68					
		4.81	2.58					
		5.00	2.68					
		5.17	2.77					
		5.23	2.80					
U10a	LVAd	5.27	2.83	1.3	3.81	50.5	30.8	5.11
		5.12	2.74					
		5.29	2.83					
		4.77	2.56					
		5.12	2.74					
		5.25	2.81					
U10b	LVAd	5.28	2.68	1.3	3.04	48.8	26.6	4.18
		5.25	2.67					
		5.25	2.67					
		5.10	2.60					
		5.27	2.68					
		4.86	2.47					
U11a	OX	4.35	2.30	1.6	1.72	79.5	12.0	6.16
		4.37	2.31					
		4.37	2.31					
		4.07	2.15					
		4.47	2.36					
		4.47	2.36					
U11b	OX	4.43	2.34	1.6	2.03	83.7	12.5	7.14
		4.42	2.34					
		4.40	2.33					
		4.43	2.34					
		4.37	2.31					
		4.40	2.33					
U12a	LVd	5.01	2.55	0.9	3.92	40.1	49.3	4.98
		5.04	2.56					
		5.07	2.58					
		4.90	2.49					

Tabela 9.1: (kontynuacja).

Strona	Gleba	OM (%)	POC (%)	Ki	CECsum (cmolc/kg)	m (%)	V (%)	CECe (cmolc/kg)
		4.97	2.53					
		5.09	2.59					
U12b	LVd	5.10	2.60	0.9	3.32	35.8	48.2	4.33
		5.08	2.59					
		4.91	2.50					
		4.42	2.25					
		5.01	2.55					
		4.96	2.52					
U13a	LVd	3.98	2.04	0.8	2.73	34.7	46.1	3.64
		3.97	2.03					
		4.07	2.08					
		4.06	2.07					
		3.88	1.99					
		3.95	2.02					
U13b	LVd	4.01	2.05	0.8	4.92	31.1	63.8	5.71
		3.89	1.99					
		3.93	2.01					
		4.02	2.06					
		3.91	2.00					
		3.93	2.01					
U14a	LVd	3.99	2.04	0.8	3.72	46.3	48.5	4.84
		4.09	2.09					
		4.09	2.09					
		4.04	2.06					
		3.98	2.04					
		3.96	2.03					
U14b	LVd	3.93	2.01	0.8	1.91	48.7	47.5	3.06
		3.95	2.02					
		3.65	1.87					
		3.81	1.95					
		3.77	1.93					
		3.92	2.00					
U15a	LVd	3.83	1.95	0.8	2.05	45.0	50.4	3.16
		3.95	2.01					
		3.92	1.99					
		3.92	1.99					
		3.88	1.97					
		3.84	1.95					
U15b	LVd	3.87	1.97	0.9	1.86	32.0	39.5	2.74
		3.82	1.94					
		3.84	1.95					
		3.82	1.94					
		3.93	2.00					
		3.91	1.99					
U16a	LVAd	4.98	2.56	1.3	2.99	54.3	30.9	4.67
		5.05	2.59					

Tabela 9.1: (kontynuacja).

Strona	Gleba	OM (%)	POC (%)	Ki	CECsum (cmolc/kg)	m (%)	V (%)	CECe (cmolc/kg)
		5.11	2.62					
		4.98	2.56					
		5.03	2.58					
		5.12	2.63					
U16b	LVAd	5.01	2.57	1.2	3.57	53.1	39.4	5.13
		5.03	2.58					
		5.08	2.61					
		5.19	2.67					
		5.19	2.67					
		5.13	2.64					
U17a	LVAd	5.08	2.61	1.2	2.21	46.3	28.6	3.11
		5.06	2.60					
		5.17	2.66					
		5.19	2.67					
		4.89	2.51					
		5.05	2.60					
U17b	LVAd	5.00	2.57	1.2	2.18	43.3	27.6	2.78
		5.15	2.65					
		5.06	2.60					
		5.18	2.66					
		5.15	2.64					
		5.15	2.65					
U18a	LVAd	5.01	2.57	1.2	2.24	39.2	29.2	2.44
		5.11	2.63					
		5.13	2.63					
		5.05	2.59					
		5.09	2.61					
		5.02	2.58					
U18b	LVAd	5.03	2.58	1.2	1.74	50.3	20.6	3.03
		5.10	2.62					
		5.05	2.59					
		5.05	2.60					
		5.09	2.61					
		5.13	2.64					
U19a	LVAd	4.93	2.54	1.2	3.77	48.2	37.3	4.85
		4.90	2.52					
		4.96	2.55					
		4.92	2.53					
		5.11	2.62					
		5.13	2.64					
U19b	LVAd	4.97	2.56	1.2	2.62	51.9	28.2	4.06
		5.03	2.59					
		5.05	2.59					
		5.10	2.62					
		5.11	2.62					
		5.13	2.63					

Tabela 9.1: (kontynuacja).

Strona	Gleba	OM (%)	POC (%)	Ki	CECsum (cmolc/kg)	m (%)	V (%)	CECe (cmolc/kg)
U20a	LVAd	5.10	2.62	1.2	2.40	50.5	26.8	3.70
		5.08	2.61					
		5.04	2.59					
		5.07	2.61					
		5.02	2.58					
		5.03	2.59					
U20b	LVAd	5.02	2.58	1.2	2.21	42.9	28.4	2.78
		5.15	2.64					
		5.13	2.63					
		4.92	2.53					
		5.00	2.57					
		5.07	2.60					
U21a	LVAd	4.92	2.53	1.2	1.91	50.5	23.8	3.21
		4.97	2.56					
		5.08	2.61					
		4.95	2.54					
		4.97	2.56					
		5.04	2.59					
U21b	LVAd	5.08	2.61	1.2	2.05	48.0	25.7	3.11
		5.08	2.61					
		5.01	2.58					
		4.95	2.54					
		4.92	2.53					
		5.06	2.60					
U22a	RQo	2.88	1.52	1.0	0.82	57.0	14.0	1.92
		2.52	1.33					
		2.71	1.43					
		2.67	1.41					
		2.85	1.50					
		2.74	1.44					
U22b	RQo	2.88	1.52	0.9	0.53	65.9	11.2	1.23
		2.84	1.50					
		2.85	1.50					
		2.67	1.41					
		2.80	1.48					
		2.81	1.48					
U23a	RQo	2.72	1.43	0.9	0.62	60.2	11.8	1.52
		2.77	1.46					
		2.69	1.42					
		2.69	1.42					
		2.78	1.47					
		2.72	1.43					
U23b	RQo	2.72	1.44	0.8	0.66	62.7	12.4	1.56
		2.77	1.46					
		2.82	1.49					
		2.58	1.36					

Tabela 9.1: (kontynuacja).

Strona	Gleba	OM (%)	POC (%)	Ki	CECsum (cmolc/kg)	m (%)	V (%)	CECe (cmolc/kg)
		2.54	1.34					
		2.61	1.38					
U24a	GXb	2.09	1.17	2.3	1.20	84.6	10.9	6.50
		2.32	1.30					
		2.35	1.32					
		2.15	1.21					
		2.23	1.25					
		2.25	1.26					
U24b	GXb	2.31	1.30	2.3	1.75	79.9	16.0	6.10
		2.32	1.30					
		2.34	1.31					
		2.19	1.23					
		2.33	1.31					
		2.28	1.28					
U25a	GXb	2.39	1.34	2.2	1.67	84.2	14.4	6.77
		2.39	1.34					
		2.37	1.33					
		2.32	1.30					
		2.38	1.34					
		2.30	1.29					
U25b	GXb	2.37	1.33	2.4	1.79	84.5	15.3	6.79
		2.40	1.35					
		2.44	1.37					
		2.33	1.30					
		2.27	1.28					
		2.33	1.31					
A1a	LAd	4.29	2.30	0.9	0.59	75.1	5.9	1.71
		4.29	2.30					
		4.27	2.29					
		4.29	2.30					
		3.91	2.09					
		4.07	2.18					
A1b	LAd	4.17	2.23	0.8	0.51	73.2	6.6	1.56
		4.19	2.25					
		4.26	2.28					
		3.86	2.07					
		4.21	2.26					
		4.08	2.19					
A2a	LAd	4.14	2.22	0.8	0.28	74.8	3.5	1.39
		4.24	2.27					
		4.23	2.27					
		4.24	2.27					
		4.28	2.29					
		4.21	2.26					
A2b	LAd	4.08	2.19	0.8	0.29	76.9	3.6	1.48
		4.14	2.22					

Tabela 9.1: (kontynuacja).

Strona	Gleba	OM (%)	POC (%)	Ki	CECsum (cmolc/kg)	m (%)	V (%)	CECe (cmolc/kg)
		4.24	2.27					
		4.23	2.27					
		4.24	2.27					
		4.28	2.29					
A3a	LAd	4.24	2.16	0.8	0.36	78.3	3.8	1.60
		4.11	2.09					
		4.17	2.12					
		4.28	2.17					
		4.26	2.17					
		4.28	2.17					
A3b	LAd	4.31	2.19	0.8	0.32	79.9	3.8	1.62
		4.27	2.17					
		4.32	2.20					
		4.33	2.20					
		4.35	2.21					
		4.22	2.15					
A4a	LAd	4.34	2.20	0.9	0.55	77.2	6.6	1.75
		4.30	2.18					
		4.38	2.23					
		4.39	2.23					
		4.37	2.22					
		4.33	2.20					
A4b	LAd	4.38	2.28	0.8	0.34	74.5	3.9	1.44
		4.31	2.24					
		4.37	2.27					
		4.39	2.29					
		4.43	2.30					
		4.33	2.25					
A5a	LAd	4.29	2.23	0.8	0.41	74.5	5.2	1.51
		4.35	2.26					
		4.34	2.26					
		4.33	2.25					
		4.34	2.26					
		4.02	2.09					
A5b	LAd	4.16	2.17	0.8	0.35	78.8	3.9	1.61
		4.24	2.20					
		4.26	2.22					
		4.32	2.25					
		3.98	2.07					
		4.28	2.22					
A6a	GXv	3.40	1.90	2.6	2.04	64.9	17.3	4.29
		3.45	1.92					
		3.54	1.97					
		3.53	1.96					
		3.54	1.97					
		3.56	1.98					

Tabela 9.1: (kontynuacja).

Strona	Gleba	OM (%)	POC (%)	Ki	CECsum (cmolc/kg)	m (%)	V (%)	CECe (cmolc/kg)
A6b	GXv	3.52	1.96	2.5	1.59	62.5	14.8	3.50
		3.59	2.00					
		3.62	2.02					
		3.53	1.96					
		3.53	1.97					
		3.44	1.92					
A7a	LAd	4.35	2.26	0.8	0.38	79.9	7.5	1.68
		4.33	2.25					
		4.11	2.14					
		4.34	2.26					
		4.28	2.22					
		4.15	2.16					
A7b	LAd	4.36	2.27	0.8	0.27	76.1	5.8	1.43
		4.45	2.31					
		4.33	2.25					
		4.19	2.18					
		4.00	2.08					
		4.19	2.18					
A8a	LAd	4.36	2.27	0.9	0.32	75.9	6.9	1.47
		4.42	2.30					
		4.46	2.32					
		4.31	2.24					
		4.47	2.33					
		3.96	2.06					
A8b	LAd	4.31	2.19	0.9	0.33	74.8	7.0	1.44
		4.44	2.26					
		4.47	2.27					
		4.44	2.26					
		4.43	2.26					
		4.29	2.18					
A9a	FXd	3.00	1.52	1.8	3.60	22.7	19.5	11.93
		3.04	1.54					
		2.88	1.47					
		3.05	1.55					
		2.97	1.51					
		2.96	1.51					
A9b	FXd	2.95	1.50	1.9	4.00	26.3	19.6	13.21
		2.97	1.51					
		2.58	1.31					
		2.75	1.40					
		2.84	1.45					
		2.87	1.46					
A10a	PVAa	3.68	1.87	1.0	1.55	63.8	20.5	3.65
		3.28	1.67					
		3.63	1.85					
		3.50	1.78					

Tabela 9.1: (kontynuacja).

Strona	Gleba	OM (%)	POC (%)	Ki	CECsum (cmolc/kg)	m (%)	V (%)	CECe (cmolc/kg)
		3.56	1.81					
		3.66	1.86					
A10b	PVAa	3.65	1.86	0.8	1.35	62.5	20.1	3.05
		3.67	1.86					
		3.70	1.88					
		3.63	1.85					
		3.50	1.78					
		3.56	1.81					
A11a	PVAa	3.66	1.86	0.9	1.29	61.5	17.6	3.63
		3.65	1.86					
		3.67	1.86					
		3.70	1.88					
		3.63	1.85					
		3.50	1.78					
A11b	PVAa	3.56	1.81	1.0	1.53	66.0	18.7	4.49
		3.66	1.86					
		3.65	1.86					
		3.67	1.86					
		3.70	1.88					
		3.66	1.86					
A12a	RYve	1.45	0.80	1.2	1.47	67.1	19.0	4.03
		1.46	0.81					
		1.49	0.83					
		1.25	0.69					
		1.47	0.82					
		1.39	0.77					
A12b	RYve	1.57	0.87	1.3	0.79	65.8	11.8	3.17
		1.38	0.76					
		1.55	0.86					
		1.46	0.81					
		1.56	0.86					
		1.23	0.68					

Tabela 9.2: Baza danych gleb badanych w lasach atlantyckich i amazońskich, wskazująca wyniki oznaczeń pH z wodą, KCl, SMP i CaCl2.

Strona	Gleba	H2O	KCl	SMP	CaCl2
U1a	LVAd	5.11	4.30	4.47	3.58
		5.10	4.28	4.56	3.58
		5.12	4.31	4.59	3.59
		5.14	4.88	4.50	3.60
		5.10	4.30	4.35	3.58
		5.12	4.56	4.59	3.59
U1b	LVAd	4.70	3.99	4.01	3.29
		4.67	3.97	4.09	3.26
		4.70	3.99	4.11	3.29
		4.71	4.00	3.98	3.29
		4.52	3.98	4.24	3.27
		4.70	3.99	4.09	3.29
U2a	LVAd	4.92	4.16	4.11	3.44
		4.91	4.15	4.40	3.44
		4.93	4.17	4.31	3.45
		4.95	4.18	4.44	3.47
		4.91	4.75	4.27	3.44
		4.91	4.13	4.28	3.44
U2b	LVAd	4.84	4.10	4.23	3.39
		4.87	4.12	4.37	3.41
		4.87	4.37	4.26	3.41
		4.86	4.12	4.26	3.40
		4.88	4.13	4.24	3.42
		4.90	4.15	4.27	3.43
U3a	LVAd	5.10	4.30	4.25	3.58
		5.12	4.31	4.47	3.59
		5.14	4.33	4.59	3.60
		5.11	4.30	4.45	3.58
		5.10	4.30	4.57	3.58
		5.12	4.31	4.57	3.59
U3b	LVAd	5.04	4.28	4.39	3.53
		5.00	4.22	4.29	3.50
		4.99	4.29	4.26	3.50
		5.01	4.23	4.37	3.51
		5.00	4.22	4.37	3.50
		5.02	4.24	4.50	3.52
U4a	LVAd	5.32	4.64	4.64	3.73
		5.28	4.43	4.73	3.71
		5.32	4.46	4.76	3.73
		5.29	4.69	4.73	3.71
		5.28	4.45	4.42	3.71
		5.30	4.45	4.73	3.72
U4b	LVAd	5.24	4.40	4.57	3.68
		5.20	4.37	4.54	3.65

Tabela 9.2: (kontynuacja).

Strona	Gleba	H2O	KCl	SMP	CaCl2
		5.22	4.39	4.67	3.66
		5.23	4.64	4.56	3.67
		5.22	4.39	4.55	3.66
		5.24	4.40	4.69	3.68
U5a	LVd	5.20	4.34	4.66	3.81
		5.24	4.37	4.59	3.84
		5.23	4.37	4.58	3.83
		5.22	4.36	4.58	3.83
		5.24	4.37	4.70	3.84
		5.26	4.39	4.40	3.86
U5b	LVd	5.22	4.36	4.57	3.83
		5.21	4.33	4.57	3.82
		5.21	4.60	4.67	3.82
		5.24	4.39	4.59	3.84
		5.26	4.39	4.73	3.86
		5.19	4.33	4.55	3.80
U6a	LVAd	4.88	4.13	4.36	3.47
		4.90	4.15	4.27	3.49
		4.86	4.12	4.23	3.46
		4.89	4.14	4.15	3.48
		4.88	4.13	4.36	3.47
		4.90	4.15	4.27	3.49
U6b	LVAd	4.92	4.16	4.29	3.50
		4.91	4.38	4.26	3.47
		4.89	4.14	4.37	3.48
		4.89	4.14	4.00	3.48
		4.87	4.12	3.91	3.47
		4.90	4.14	4.27	3.48
U7a	LVd	5.29	4.41	4.71	3.88
		5.31	4.43	4.52	3.89
		5.33	4.69	4.63	3.91
		5.29	4.41	4.61	3.88
		5.28	4.40	4.71	3.87
		5.28	4.36	4.59	3.87
U7b	LVd	5.28	4.40	4.47	3.87
		5.30	4.42	4.71	3.89
		5.25	4.38	4.67	3.85
		5.26	4.39	4.68	3.86
		5.27	4.40	4.56	3.86
		5.29	4.53	4.57	3.86
U8a	LVd	5.32	4.43	4.42	3.90
		5.34	4.45	4.62	3.92
		5.30	4.42	4.59	3.89
		5.32	4.43	4.62	3.90
		5.28	4.39	4.67	3.86
		5.33	4.44	4.74	3.91

Tabela 9.2: (kontynuacja).

Strona	Gleba	H2O	KCl	SMP	CaCl2
U8b	LVd	5.17	4.32	4.47	3.79
		5.16	4.31	4.39	3.78
		5.18	4.33	4.60	3.80
		5.20	4.34	4.32	3.81
		5.16	4.31	4.47	3.78
		5.17	4.26	4.58	3.90
U9a	LVAd	5.01	4.20	4.48	3.67
		5.03	4.24	4.38	4.28
		4.99	4.21	4.47	3.65
		5.00	4.22	4.37	3.66
		4.99	4.21	4.36	3.65
		5.01	4.23	3.97	3.67
U9b	LVAd	5.03	4.24	4.38	3.68
		4.99	4.21	4.36	3.65
		4.99	4.27	4.46	3.65
		5.00	4.21	4.35	3.65
		5.01	4.23	4.49	3.67
		5.03	4.24	4.40	3.68
U10a	LVAd	4.81	4.08	4.30	3.52
		4.80	4.07	4.18	3.51
		4.79	4.06	3.84	3.50
		4.81	4.08	4.20	3.52
		4.78	4.09	4.23	3.53
		4.77	4.41	4.35	3.65
U10b	LVAd	5.04	4.50	4.39	3.69
		5.02	4.24	4.39	3.68
		5.03	4.24	4.40	3.68
		5.05	4.24	4.41	3.84
		5.02	4.24	4.37	3.68
		5.01	4.23	4.38	3.67
U11a	OX	3.84	3.34	3.42	2.40
		3.69	3.19	3.26	2.27
		3.82	3.29	3.37	2.36
		3.83	3.30	3.38	2.36
		3.85	3.31	3.40	2.38
		3.84	3.46	3.39	2.37
U11b	OX	3.85	3.31	3.40	2.38
		3.86	3.32	3.41	2.38
		3.82	3.34	3.42	2.40
		3.86	3.25	3.41	2.23
		3.82	3.29	3.37	2.36
		3.79	3.30	3.38	2.36
U12a	LVd	5.28	4.33	4.76	3.80
		5.30	4.82	4.82	3.89
		5.35	4.46	4.88	3.92
		5.32	4.33	4.39	3.80

Tabela 9.2: (kontynuacja).

Strona	Gleba	H2O	KCl	SMP	CaCl2
		5.34	4.52	4.94	3.99
		5.29	4.49	4.76	3.96
U12b	LVd	5.43	4.44	4.88	3.91
		5.41	4.62	4.95	3.97
		5.43	4.66	4.97	3.98
		5.46	4.46	4.90	3.92
		5.38	4.48	4.92	3.95
		5.40	4.49	4.76	3.96
U13a	LVd	5.33	4.44	4.86	3.91
		5.31	5.03	4.58	3.97
		5.37	4.47	4.88	3.94
		5.36	4.48	4.57	3.95
		5.35	4.52	4.98	3.99
		5.38	4.49	4.76	3.96
U13b	LVd	5.37	4.49	4.88	3.91
		5.41	4.50	4.95	3.97
		5.43	4.52	4.95	4.11
		5.40	4.49	4.57	3.96
		5.35	4.44	4.85	4.03
		5.41	4.50	4.76	3.97
U14a	LVd	5.44	4.52	4.98	3.89
		5.40	4.49	4.76	3.86
		5.41	4.44	4.70	3.81
		5.41	4.75	4.76	3.87
		5.43	4.52	4.50	3.89
		5.47	4.55	5.00	3.92
U14b	LVd	5.36	4.46	4.91	3.83
		5.39	4.32	4.85	3.78
		5.37	4.47	4.92	3.84
		5.35	4.55	5.00	3.92
		5.32	4.67	4.51	3.90
		5.30	4.78	4.99	3.91
U15a	LVd	5.44	4.52	4.98	3.89
		5.40	4.49	4.94	3.86
		5.43	4.44	4.88	3.81
		5.40	4.69	4.94	3.86
		5.47	4.44	4.88	3.63
		5.41	4.75	4.95	3.87
U15b	LVd	5.40	4.86	4.94	3.86
		5.44	4.52	4.86	3.89
		5.40	4.66	4.94	3.86
		5.43	4.44	4.88	4.00
		5.41	4.50	4.48	3.87
		5.43	4.52	4.78	3.89
U16a	LVAd	4.85	4.11	4.54	3.39
		4.78	4.04	4.46	3.33

Tabela 9.2: (kontynuacja).

Strona	Gleba	H2O	KCl	SMP	CaCl2
		4.79	3.99	4.28	3.28
		4.77	4.05	4.28	3.34
		4.80	4.15	4.58	3.43
		4.77	4.12	4.55	3.41
U16b	LVAd	4.93	4.17	3.97	3.66
		4.90	4.15	4.58	3.28
		4.86	4.12	4.54	3.40
		4.89	4.06	4.48	3.35
		4.92	3.88	4.55	3.41
		4.95	3.97	4.57	3.42
U17a	LVAd	4.76	4.12	4.90	3.40
		4.72	4.04	4.46	3.33
		4.69	3.99	4.40	3.28
		4.77	4.05	4.47	3.34
		4.69	4.33	4.54	3.39
		4.75	4.09	4.33	3.38
U17b	LVAd	5.00	4.22	4.67	3.50
		4.96	4.19	4.63	3.47
		4.99	3.91	4.57	3.57
		4.97	4.20	4.64	3.48
		4.99	4.21	4.66	3.28
		4.96	4.19	4.92	3.47
U18a	LVAd	4.99	4.34	4.07	3.34
		5.07	4.27	4.73	3.55
		5.08	4.60	4.82	3.63
		5.11	4.32	4.78	3.60
		5.10	4.30	4.45	3.58
		5.06	4.05	4.72	3.55
U18b	LVAd	5.07	4.24	4.68	3.77
		5.10	4.30	4.65	3.58
		5.12	4.31	4.49	3.59
		5.14	4.33	4.96	3.60
		5.13	4.32	4.59	3.60
		5.09	4.29	4.75	3.57
U19a	LVAd	5.00	4.54	4.68	3.66
		5.10	4.30	4.75	3.58
		5.12	4.31	4.77	3.59
		4.99	4.33	4.79	3.60
		5.05	4.32	4.07	3.41
		5.07	4.34	4.81	3.62
U19b	LVAd	4.80	4.07	4.19	3.36
		4.76	4.28	4.46	3.33
		4.79	3.99	4.21	3.04
		4.77	4.29	4.28	3.34
		4.74	4.06	4.30	3.35
		4.75	4.08	4.50	3.16

Tabela 9.2: (kontynuacja).

Strona	Gleba	H2O	KCl	SMP	CaCl2
U20a	LVAd	4.82	3.90	4.44	3.19
		4.76	4.04	4.46	3.33
		4.73	3.80	4.21	3.10
		4.77	3.90	4.47	3.34
		4.77	4.31	4.53	3.15
		4.72	3.84	4.31	3.36
U20b	LVAd	5.16	4.34	4.81	3.62
		5.09	3.91	4.75	3.57
		5.17	4.35	4.82	3.63
		5.19	4.36	4.83	3.64
		5.14	4.40	4.88	3.68
		5.15	4.44	4.73	3.71
U21a	LVAd	5.11	4.34	4.81	3.80
		5.09	4.65	4.75	3.57
		5.12	4.46	4.56	3.73
		5.14	4.46	4.95	3.73
		5.14	4.09	4.96	3.75
		5.18	4.51	4.81	3.78
U21b	LVAd	5.07	4.00	4.90	3.53
		5.08	4.69	4.81	3.62
		5.09	4.05	4.75	3.35
		5.05	4.35	4.82	3.63
		5.02	4.40	4.88	3.68
		5.01	4.09	4.84	3.65
U22a	RQo	5.25	4.54	4.69	3.29
		5.24	4.53	4.68	3.28
		5.28	4.56	4.72	3.31
		5.27	4.56	4.71	3.30
		5.26	4.55	4.70	3.29
		5.26	4.55	4.70	3.29
U22b	RQo	5.27	4.56	4.71	3.30
		5.25	4.54	4.69	3.29
		5.30	4.62	4.79	3.36
		5.21	4.51	4.66	3.44
		5.26	4.62	4.79	3.36
		5.23	4.60	4.76	3.34
U23a	RQo	5.26	4.62	4.79	3.36
		5.21	4.51	4.36	3.46
		5.25	4.54	4.69	3.29
		5.24	4.53	4.98	3.48
		5.28	4.56	4.72	3.31
		5.27	4.56	4.71	3.30
U23b	RQo	5.33	4.55	4.70	3.29
		5.34	4.55	4.70	3.42
		5.36	4.62	4.79	3.53
		5.32	4.84	4.75	3.33

Tabela 9.2: (kontynuacja).

Strona	Gleba	H2O	KCl	SMP	CaCl2
		5.42	4.59	4.75	3.33
		5.32	4.80	4.75	3.33
U24a	GXb	3.79	3.53	3.32	2.29
		3.81	3.57	3.40	2.35
		3.82	3.16	3.41	2.36
		3.85	3.21	3.36	2.32
		3.71	3.18	3.21	2.29
		3.80	3.24	3.10	2.34
U24b	GXb	4.08	3.41	3.58	2.49
		4.11	3.48	3.56	2.55
		4.12	3.22	3.57	2.55
		4.06	3.82	3.62	2.51
		4.01	3.40	3.47	2.48
		3.89	3.39	3.56	2.47
U25a	GXb	4.08	3.41	3.48	2.49
		4.11	3.64	3.46	2.55
		4.12	3.16	3.47	2.55
		4.06	3.44	3.52	2.51
		4.04	3.40	3.31	2.64
		4.02	3.57	3.82	2.49
U25b	GXb	4.08	3.46	3.63	2.53
		4.08	3.46	3.43	2.53
		4.03	3.24	3.91	2.41
		4.07	3.45	3.24	2.37
		4.08	3.26	3.63	2.80
		3.96	3.44	3.62	2.51
A1a	LAd	4.20	3.50	3.78	3.06
		4.22	3.52	3.80	3.08
		4.26	3.55	3.83	3.11
		4.23	3.52	3.81	3.08
		4.23	3.52	3.81	3.08
		4.25	3.54	3.83	3.10
A1b	LAd	4.27	3.55	3.84	3.11
		4.29	3.57	3.86	3.13
		4.26	3.55	3.83	3.11
		4.28	3.56	3.85	3.12
		4.28	3.56	3.85	3.12
		4.30	3.58	3.87	3.14
A2a	LAd	4.21	3.51	3.79	3.07
		4.22	3.52	3.80	3.08
		4.21	3.51	3.79	3.07
		4.20	3.50	3.78	3.06
		4.23	3.52	3.81	3.08
		4.25	3.78	3.47	3.10
A2b	LAd	4.22	3.52	3.80	3.08
		4.23	3.42	3.81	2.95

Tabela 9.2: (kontynuacja).

Strona	Gleba	H2O	KCl	SMP	CaCl2
		4.21	3.51	3.79	3.07
		4.22	3.52	3.80	2.86
		4.21	3.84	3.79	3.07
		4.30	3.52	3.81	3.08
A3a	LAd	4.33	3.60	3.90	3.16
		4.32	3.59	3.89	3.15
		4.34	3.61	3.90	3.17
		4.28	3.58	3.87	3.14
		4.32	3.59	3.89	3.15
		4.32	3.84	3.89	3.15
A3b	LAd	4.41	3.66	3.97	3.22
		4.39	3.64	3.95	3.20
		4.40	3.55	3.96	3.21
		4.41	3.46	3.97	3.22
		4.43	3.67	3.98	3.23
		4.41	3.66	3.97	3.35
A4a	LAd	4.32	3.59	3.89	3.15
		4.25	3.84	3.62	2.95
		4.33	3.60	3.90	3.16
		4.33	3.60	3.90	3.16
		4.32	3.59	3.89	3.15
		4.32	3.59	3.89	3.15
A4b	LAd	4.33	3.60	3.90	3.16
		4.35	3.61	3.91	3.17
		4.32	3.59	3.89	3.15
		4.30	3.61	3.91	3.17
		4.32	3.59	3.89	3.15
		4.31	3.58	3.88	3.14
A5a	LAd	4.44	4.00	3.99	3.24
		4.46	3.86	3.72	3.26
		4.43	3.43	3.98	3.05
		4.48	3.67	3.98	3.23
		4.43	3.82	3.68	3.05
		4.42	3.49	4.15	3.35
A5b	LAd	4.35	3.61	3.91	3.17
		4.32	3.59	3.89	3.15
		4.33	3.37	4.19	3.16
		4.35	3.61	3.91	3.17
		4.32	3.24	4.09	2.93
		4.28	3.35	3.86	3.28
A6a	GXv	3.52	3.01	3.15	2.16
		3.56	3.06	3.19	2.19
		3.55	3.05	3.18	2.18
		3.51	3.02	3.04	2.16
		3.55	3.14	2.85	2.18
		3.53	3.04	3.40	2.33

Tabela 9.2: (kontynuacja).

Strona	Gleba	H2O	KCl	SMP	CaCl2
A6b	GXv	3.79	3.24	3.20	2.23
		3.76	3.21	3.02	2.32
		3.80	3.24	3.66	2.51
		3.74	3.04	3.55	2.47
		3.69	2.95	2.99	2.48
		3.84	3.55	3.49	2.60
A7a	LAd	4.20	3.50	3.78	2.92
		4.23	3.52	3.81	2.94
		4.25	3.54	3.64	2.96
		4.22	3.52	3.80	2.94
		4.23	3.70	3.81	2.94
		4.21	3.51	3.79	2.93
A7b	LAd	4.22	3.52	3.80	2.94
		4.36	3.54	3.83	2.96
		4.22	3.46	3.80	2.94
		4.23	3.76	4.01	2.94
		4.20	3.28	3.78	2.92
		4.20	3.35	3.49	2.79
A8a	LAd	4.38	3.88	3.94	3.05
		4.40	4.10	3.96	3.07
		4.37	3.63	3.93	3.05
		4.38	3.63	3.94	3.05
		4.36	3.62	3.92	3.04
		4.35	3.63	3.93	3.05
A8b	LAd	4.35	3.41	3.91	3.03
		4.40	3.45	3.96	3.07
		4.37	3.28	3.93	3.05
		4.38	3.63	3.94	3.05
		4.36	3.62	3.92	3.04
		4.39	3.50	3.95	3.06
A9a	FXd	5.30	4.50	5.04	3.32
		5.50	4.86	4.88	3.45
		5.40	4.57	4.79	3.62
		5.45	4.61	4.83	3.42
		5.45	4.61	4.83	3.42
		5.47	4.63	4.85	3.43
A9b	FXd	5.45	4.61	4.83	3.42
		5.48	4.46	4.67	3.69
		5.46	4.62	4.55	3.42
		5.43	4.60	5.23	3.40
		5.45	4.61	4.53	3.42
		5.33	4.61	5.02	3.42
A10a	PVAa	5.23	4.46	4.64	3.83
		5.25	4.47	4.56	3.85
		5.22	4.45	4.54	3.83
		5.21	4.44	4.53	3.99

Tabela 9.2: (kontynuacja).

Strona	Gleba	H2O	KCl	SMP	CaCl2
		5.26	4.48	4.30	3.86
		5.22	4.45	4.54	3.83
A10b	PVAa	5.25	4.47	4.36	3.85
		5.25	4.28	4.66	3.85
		5.23	4.46	4.34	3.83
		5.22	4.45	4.64	3.83
		5.24	4.47	4.66	3.85
		5.23	4.56	4.24	3.83
A11a	PVAa	5.22	4.45	4.64	3.83
		5.23	4.46	4.64	3.83
		5.24	4.26	4.65	3.84
		5.28	4.10	4.65	3.84
		5.23	4.46	4.64	3.83
		5.34	4.28	4.32	4.03
A11b	PVAa	5.23	4.29	4.24	3.83
		4.91	4.47	4.66	3.85
		5.22	4.45	4.23	4.03
		5.19	4.44	4.90	4.06
		5.16	4.65	4.67	3.86
		4.99	4.09	4.21	3.65
A12a	RYve	5.20	4.24	4.62	3.65
		5.17	4.22	4.59	3.86
		5.19	4.23	4.61	3.64
		5.20	4.13	4.62	3.65
		5.22	4.25	4.64	3.66
		5.11	4.13	4.86	3.65
A12b	RYve	5.39	4.19	4.38	3.79
		5.35	4.35	4.45	3.76
		5.35	4.35	5.02	3.76
		5.26	4.33	4.53	3.74
		5.40	4.19	4.76	3.77
		5.44	4.35	4.36	3.76

Printed by Books on Demand GmbH, Norderstedt / Germany